続 モビリティー革命2030

不屈の自動車産業

デロイト トーマツ コンサルティング 著

日経BP

はじめに

　2016年10月、デロイト トーマツ コンサルティング自動車セクターは、「モビリティー革命2030──自動車産業の破壊と創造──」を上梓した。当時、自動車産業に新たな局面をもたらし始めていた、環境問題への対応としての「パワートレーンの多様化」の更なる進展、先端技術の進化による「クルマの知能化」、消費者のサービスへのニーズや価値観の変化に伴う「シェアリングサービス」の普及、の3つのドライバーにより、2030年の自動車産業がどのように変貌を遂げるのか、変化のシナリオを考察し、定量的に検証をした。

　それから4年を経た現在、CASE（コネクテッド、自動運転、シェアリング、電動化）やMaaS（Mobility as a Service）の急速な進展に伴い、自動車業界はまさに破壊といえる大変革の真っただ中にあり、我々が予測した環境が徐々に現実のものとなりつつある。一方で、当時の見立てをはるかに超えた世界も広がりつつある。

　一つは、エネルギー領域だ。パリ協定以降の温暖化ガス削減に向けた排出権取引の市場メカニズムに関する議論、各国の燃費規制の更なる厳格化により、自動車業界を含む全産業において次世代エネルギーシステムへの転換が不可避な状況である。

　もう一つは、急速に進展しているデジタル社会だ。技術の著しい進化によりデジタル情報量が指数関数的に増加し、新たな

サービスやビジネスモデルが生まれ、我々の生活にも既に大きな変化が表れている。既存の価値観や枠組みを根本的に覆し、新たな社会のスタンダードを生み出す「あらゆるもののデジタル化」は、我々の生活や企業活動にとって喫緊の課題である。

　自動車業界は、モビリティー革命にエネルギー革命とデジタル革命が加わり、文字通り100年に一度の大変革期にある。さらに、世界的な新型コロナウイルス感染症（COVID-19）の急速な感染拡大が追い打ちをかけている。ロックダウン（都市封鎖）や外出規制、自粛により、我々は移動の自由や人との接触機会を奪われた。自動車業界においても、サプライチェーンの混乱により全世界で同時に生産が停止し、消費者心理の冷え込みによる需要減に見舞われ、自動車業界を取り巻く不確実性はさらに高まっている。この潮流は今後さらに増幅していくだろう。誰も予想だにしなかった世界が急に訪れ、世界中が人、社会、経済を守るための解決策を模索している。このような時だからこそ、リアルとバーチャルを融合させ、日本が誇る匠の技を新しいテクノロジーにより発展させて、新たな価値を創出することが求められるのだ。

　自動車王ヘンリー・フォード（Henry Ford）はわずか33歳の時に自動車の自作に成功し、その3年後に自動車メーカーを創業、一度の解散を経て1903年に米Ford Motorを設立してT型フォードを世に送り出し、ヒトの移動、生活、産業における革命を実現した。彼は失敗を恥とせずに何度も挑戦し続け、そ

して経営者として決断し続けた。今我々も同じ状況にいるのではないだろうか。

　「新しい生命の誕生は、何かこれまでと違った新しいものの誕生である。これと完全に同じものはかつて存在しなかったし、今後も決して存在しない」（ヘンリー・フォード）。

　日本の自動車業界は元来、世界をけん引してきた存在だ。そして、今後もそうあり続けるために、日本の自動車業界を支える人材、技術を守らなければならない。日本企業の強みである実直さや助け合いの精神を生かし、一丸となってこの難局を乗り越える時である。今必要なのは「勝ち負け」ではなく、日本自動車業界としての「価値」であり、「競争」ではなく「共創」なのだ。

　本書では、まず「モビリティー革命2030──自動車産業の破壊と創造──」の時はまだ起こっていなかった新たな3つの潮流を概説する。そして、その潮流を受けて、自動車メーカー、部品メーカー、カーディーラーそれぞれの視点に立脚し、混沌とした時代に必要な新価値の創造、またそれを実現するための既存事業の徹底的な効率化について、具体的な実践手法を示していきたい。

続・モビリティー革命2030
不屈の自動車産業

第 1 章

自動車を巻き込む
大きなうねり
「MX、EX、DX」01

３つのトレンド

　先日、電子デバイスメーカーから自動車向けに多用される、とあるパワーデバイスの開発に関する相談を受けた。その際、「まず、自動車メーカーや大手部品サプライヤーのニーズの確認が重要です。ただ、顧客、市場、要件を見極めるためには、それに加えて地域ごとのエネルギー源が再生可能エネルギーなのか、火力なのか、あるいはその地域の送配電網が将来どのようになるか、エネルギーソース、グリッド、クルマの順で需要があるかなど、すべてを見極める必要があります」と申し上げた。やや大げさに聞こえるかもしれないが、実はこれには理由がある。

　経営の観点では、自社の製品を取り巻く事業環境を先読みし、分析していく必要がある。かつては大手部品サプライヤー

の技術開発動向や自動車メーカーの電動化技術、また米国や中国といった地域ごとの燃費規制の動向等を把握すれば、一定程度の見込みを立てることができた。しかし自動車業界の再編、各国の自動車規制の地域ごとの変調といったここ数年来の急速な変化を見るに、もはや自動車業界の動向だけで中長期的な自社製品の行く末を見極めることは限界に来ている。

また市場規模の見極めの前提となる環境変化は、当然エネルギーの話だけではない。モビリティーサービス事業者向けの部品開発を例にとると、展開する国、都市、地域で、ヒトがどのように移動しているか、利用されている公共交通や新興モビリティーサービスの割合、そしてそれら事業者が抱える課題（ペインポイント）の順で読み解きを行うことで、真のニーズに到達できる。逆に言えば、背景から紐とかねば部品や技術の存在意義を認めることはできず、次世代の部品を開発しても途端に使用されなくなってしまうリスクがある。

2016年9月にドイツDaimlerがパリモーターショーで提唱して以来、自動車業界に定着した「CASE」というキーワードであるが、本来はエネルギーソースや人の移動の在り方といった前提条件を紐とき、結果としてクルマという消費財ないしその購買過程が起こす変容を指していたと理解している。しかしあまりにもこのキーワードが分かりやすかったためか、クルマの変容だけが取り上げられ、その前提条件の整理がされてこなかった傾向がある。

本章では、社会ないし人々の暮らしが起こす変化、すなわち

「CASEの前提条件」を「MX（Mobility Transformation）」「EX（Energy Transformation）」「DX（Digital Transformation）」の3つで捉え直し、これらのトレンドの中での社会変化や、結果として自動車業界が受ける影響と、見いだされる事業機会のヒントを考察する（図1）。

「MX」〜人々の暮らしと移動の変化〜

20世紀以降、世界における都市人口は急速な拡大を見せ、国連の「World Urbanization Prospect」によると、2018年時点ですでに55％の人口が都市に居住し、2050年には68％まで増加すると言われている。なお新型コロナウイルス感染症（COVID-19）後の世界観によっては、今後都市への一極集中

図1 社会トレンド「MX、EX、DX」と自動車の変化

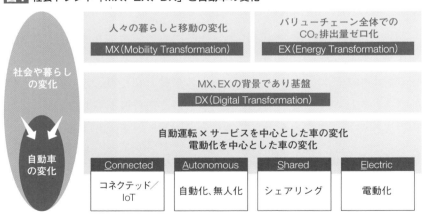

出所：デロイト トーマツ作成

は衰退し、郊外への居住が加速するとの"反都市化"の論調もみられるが、あくまで都市圏郊外部への緩やかな移動を指しており、QoL（Quality of Life）の観点では東京のような都市圏の人口が過疎地へ逆流するのは、もう少し先になると考えられる。つまり課題を抱える過疎地域でのQoLが担保される基盤や仕組み、技術が持続的に運営可能な形で整備されなければ、"反都市化"が顕著なトレンドとはならないだろう。

　この前提に立つと、人口が集中する都市部においては、中心部へ自動車が流入することで渋滞及び排ガスによる大気汚染が深刻化する。また土地の不足により自動車の駐車用地代も高くなることから、必然的に都市においては、大規模公共交通と保有車両を代替する自転車、タクシー、カーシェア等の補完交通による"交通の最適化"が求められるようになる。

　この最適化の実現、つまり大規模輸送と補完交通による自動車移動の代替手段として公共交通とカーシェアをワンパックにし、決済を含むナビゲーションを備え、スマートデバイスのアプリで提供しようとしたのが、2015年のITS世界会議で大きくPRされたモビリティーのサービス化「MaaS（Mobility as a Service）」である。つまりMaaSとは、都市における暮らしを支える移動を、スマートデバイスや決済手段で最適化する概念として登場した。

　COVID-19の拡大に伴い、在宅勤務が定着化することにより、混雑が解消しMaaSのような最適化は不要ではないかという議論がある。もちろん感染の影響が残る今後数年はソーシャル

ディスタンスの確保と密閉回避が重要であるため、大規模公共交通ではピーク時の乗車率が下がるだろう。しかしそれはデジタルデバイスを用いた移動の最適化が、大規模輸送の実現を最終目的としたものから、過密の回避と輸送効率を両立することに変わるだけである。すでに複数のアプリベンダーが電車や移動先の混雑状況を予測し、回避を促すアプリをリリースしていることからも、都市内移動の最適化を実現するという概念の進展が不可逆なものであることは間違いない。

　では、地方交通にMaaSは適用できないのだろうか。2015年以降、MaaSの適用範囲は都市部から徐々に地域的な広がりを見せ、ITS世界会議でも2018年には「地方MaaS（Rural MaaS）」が討議されるようになった。昨今では暮らしの移動に対して余暇の移動便益を向上する「観光MaaS」も検討されている。都市化とサービス化を背景に、都市部と地方部における暮らしの移動と余暇の移動は、3つのMaaSへと変化し、それに伴いクルマは保有されるモノから利用されるモノへ、高稼働ないし混雑回避を実現するマストランジットとして準公共交通の位置づけが濃くなっていく。これが移動の在り方の変容を前提とした場合の、自動車業界が受ける変化である（図2）。

　しかし、現状のモビリティーサービス事業者は大手企業であっても市場成果を収めているとは言い難い。ライドシェア最大手の米Uber Technologiesや米国シェア2位の米Lyftの2019年営業利益はいずれも赤字、また、マイクロトランジット大手の米Chariotは2019年に事業終了を発表している。これらの背

図2 移動の変化と事業機会

	暮らしの移動		余暇の移動
	都市	地方	
都市化に伴う移動の変化	■大規模公共交通と補完交通による保有から利用へのシフト	■保有車両を基礎としたささえあい交通の登場	■都市居住者の訪問先における回遊手段の需要上昇
サービス化	デジタルデバイスを活用した複数モーダルの結節と最適化		
	暮らしのサービスとの結合		地域観光資源との結合
顧客／提供価値	■住民の移動便益向上　■地主の不動産価値向上	■移動便益によるQoL*1向上　■公共支出の効率化	■インバウンドを含む観光収入増加　■新規雇用創出
想定される原資	■家計の交通支出（7.1兆円／年）　■家計の生活支出（131.3兆円／年）*2	■社会コスト（123.7兆円／年）*3	■旅行／観光支出（26.1兆円／年）

付加価値が自動車バリューチェーンの川上、川下に流出する中、
自らの業種と移動構造を踏まえたポジショニング戦略が必要

*1：QoL= Quality of Life（生活の質）、*2：家計の支出項目のうち、サービス、食料、住居の合計、
*3：社会保障給付費、*4：「我が国における指標化の取組み」（内閣府）

出所：「社会保障給付費の推移」（厚生労働省ウェブサイト）、「家計調査（家計収支編）時系列データ（総世帯・単身世帯）」（総務省統計局ウェブサイト）、「家計調査収支項目分類」（総務省統計局ウェブサイト）、「住民基本台帳に基づく人口、人口動態及び世帯数のポイント（平成31年1月1日現在）」（総務省ウェブサイト）よりデロイト トーマツ作成

景には、そもそもの移動が公益性の高いものであり移動単価が少額なことに加え、同業種同士（例えばUberとLyft、中国滴滴出行と同美団点評、シンガポールGrabとインドネシアGojek）でのインセンティブ合戦により収益化が阻まれやすい構造的要因がある。ただでさえ薄利であることに加え、多くのユーザーの囲い込みを図り、初回登録時の値引きを行うことで黒字化しにくいのである。

そのため、モビリティー分野でのマネタイズには、自らの業種と移動構造を踏まえたポジショニング戦略と、移動以外の何で収益を稼ぐか、原資の見極めが重要となる。ポジショニングにせよ、原資にせよ、業種により大きく異なるが、ヒントは先述の3つのMaaSの提供価値や最終受益者にある。

つまり都市型MaaSが生む付加価値は、住民の移動便益が向上することに加え、地主の不動産価値が向上することにある。地方MaaSにおける付加価値は、住民のQoL向上と公共支出の効率化である。観光MaaSでは、訪問者の移動便益に加え、観光周辺産業の経済効果、ひいては新規雇用創出ということになる。生み出す付加価値を原資と捉えれば、都市型MaaSを収益化するには家計の交通支出だけでなく、デベロッパーの投資費用や、家計の居住費を含む生活支出を原資とみなしてビジネスモデルを描くことが収益化の近道となるだろう。同様に地方MaaSは、社会保障費や公共支出の削減分を原資と捉えれば、どのようにして地方自治体と健全な互恵関係を築けるかが要諦となる。

「EX」〜バリューチェーン全体でのCO₂ゼロ化〜

　パリ協定の採択から遡ること約1年前、2014年9月、米ニューヨーク市開催の「Climate Week」にて、英国の国際的環境NGOであるThe Climate Groupが、「RE100（Renewable Energy 100%）」と呼ばれるプロジェクトを発足させた。このプロジェクトは、参画する企業に対して、将来的に調達や生産を含む企業活動の100%を再生可能エネルギーで賄うことをコミットさせることで、地球規模でのCO_2排出ゼロ化を目指している。

　従来は、欧州CAFE規制、米国CAFE基準や各州のZEV規制など、クルマ自体が使用される過程で排出されるCO_2を管理する規制を自動車メーカーに課すことが主であった。しかし、RE100のように企業活動すべてを対象に課されるようになると、部品を含むクルマ1台を生産した過程で利用したエネルギー源がクリーンかどうかを問われるようになる。

　それであれば、RE100には加盟しなければよい、あるいは加盟する企業とは取引がないので影響がない、と感じられるかもしれない。しかし、現在ESG（環境、社会、ガバナンス）は機関投資家にとって重要な指標の一つであり、ESG投資[注]を趣旨とする国連責任投資原則（PRI）に署名する機関投資家が増加すれば、将来的にはダーティーなエネルギーにより生み出された企業活動には、資金融通を行ってくれなくなるかもしれない。投資のメカニズムが組み合わさることで、環境規制は

実行力を伴った形で差し迫ってくるようになるのである。

　さらに燃費規制も変わりつつある。2019年4月に欧州連合（EU）の新排出規制が策定され、2023年までにクルマのライフサイクル燃費の評価報告手法について開発を目指すことが表明された。2030年をめどに規則は「Tank to Wheel」から「Well to Wheel」に変更される可能性がある。すなわち電気自動車（EV）であったとしても、その電気が生み出される過程で化石燃料が使われていれば、ゼロエミッションと言えなくなるかもしれない。

　企業活動全般において利用されるエネルギー源が何かを見極めることの重要性は高い。他方で、仮に事業活動に係るエネルギーを再エネにしたとしても、結局事業上の負荷となるだけである。それでは事業機会はどこにあるのだろうか。一つの考え方として「3D（Decentralized, Decarbonized, Digitalized）」がある。3Dとは、電力事業者にとってのメガトレンドであり、従来の中央集約型の発電所と送配電網が、各地域に分散した再生エネ発電所とデジタル技術を活用したグリッド全体での需給調整に変わることを指す。このようなトレンドを見ることで、どのパワートレーン（HEV／PHEV／EV）なのか、といったオール・オア・ナッシングの議論ではなく、インフラ側、例えば再エネ発電や充電器の部品や、需給調整に係る制御ソフトなどの自社の強みを生かした幅広の機会を見いだせるだろう（図3）。

　この電源分散化は、COVID-19の影響を受け、より加速していくことを付け加えておきたい。なぜなら緊急事態宣言を機に

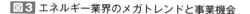

図3 エネルギー業界のメガトレンドと事業機会

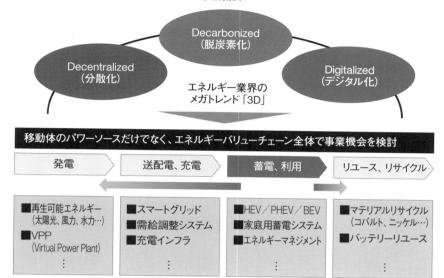

Decarbonized
（脱炭素化）

Decentralized
（分散化）

Digitalized
（デジタル化）

エネルギー業界の
メガトレンド「3D」

移動体のパワーソースだけでなく、エネルギーバリューチェーン全体で事業機会を検討

発電	送配電、充電	蓄電、利用	リユース、リサイクル
■再生可能エネルギー （太陽光、風力、水力…） ■VPP (Virtual Power Plant) ⋮	■スマートグリッド ■需給調整システム ■充電インフラ ⋮	■HEV／PHEV／BEV ■家庭用蓄電システム ■エネルギーマネジメント ⋮	■マテリアルリサイクル （コバルト、ニッケル…） ■バッテリーリユース ⋮

出所：デロイト トーマツ作成

　取り入れられた在宅勤務が中長期的にニューノーマルとして定着化することで、電力消費地が都市中心部から家庭内や郊外に変化していくからである。郊外（あるいは家庭内）で作られたエネルギーが郊外で消費される、いわゆるエネルギーの地産地消は、規制緩和のタイミングはあるものの、想定よりも早く到来するかもしれない。

注）ESG投資は2006年に、コフィー・アナン第7代国連事務総長が提唱し、国連責任投資原則に記載された投資手法で、企業の中長期的な成長のために必要な要素である環境（Environment）、社会（Social）、ガバナンス（Governance）の頭文字をとって名付けられた。国連責任投資原則に署名した機関投資家は、化石燃料、ギャンブル等の特定業界を排他するなどの投資手法を行う責務が生じる。

「DX」〜MX、EXの背景であり基盤〜

　DXの初出は2004年にスウェーデンUmeo大学のErik Stolterman教授によって発表された論文である"Information Technology and The Good Life"とされる。文中では明確に定義されていないものの内容から意訳をすれば、「ITを通して人々の現実が相互に混ざり、結合することで、人々がより良い生活をする可能性が広がること」を指す。このままでは変化というより理念に近しいものであるため、内閣府のSociety 5.0を実現する社会（図4）や、CPS（Cyber-Physical System）の定義もまじえ、改めてセンシング、解析、反映の3ステップで

図4 Society 5.0

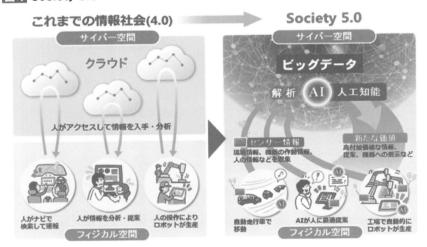

出所：内閣府Society 5.0 サイト　https://www8.cao.go.jp/cstp/society5_0/

DXを分解、定義すると以下のように言える。

① スマートデバイス、IoT、通信技術に代表されるフィジカル空間のセンシング技術の普及とデータ集積
② ビッグデータ、AIといった解析技術の進展と、サイバー空間における情報の相互連携による新価値の創出
③ ロボットや自動運転等、フィジカル空間へ現象を反映する技術の進展

　例えばMXにおいては、①サービスカーの位置情報により、ユーザー付近の車両を抽出し、②ドライバーの意向、ユーザーの目的地を解析して最適な車両とマッチングし、③自動運転が実現した時代においては無人で車両を配車する。EXにおいては、①太陽光による発電量と需要家の消費量を検知し、②双方の需給調整を送配電事業者やアグリゲーターが行い、③場合により予備電源（発電所、電池等）を制御して安定化、補完を行う。

　このようにMX、EXの背景にDXが存在している。よってDXにより自動車業界が受ける影響とは、まず一つにはMX、EX等の変化に伴い、その変容をデジタル技術で実現する新価値創造の側面である。

　一方で、それら新規事業創出あるいはCASE対応投資の原資を獲得するためには、既存事業の圧倒的な効率化が必要となる。そう考えると自動車のバリューチェーンにおいて、DXを活用した業務改善を検討することが、もう一つの側面として挙げら

れる。また付け加えるならばCOVID-19の影響により、調達先の工場が長期間停止／休止したことによるSCM（Supply Chain Management）の見直し、海外では価格交渉や融資のオンライン化を希望する人の増加に伴うCRM（Customer Relationship Management）も必要となっている。今後バリューチェーンの各所で効率改善に向けたデジタル化対応が喫緊に求められるようになるのは明白だろう。

・開発：バーチャル開発／型式認可（手続きの簡略化）
・調達：SCM、BOM（Bill Of Materials：部品構成表）
・生産：生産／配員計画
・販売：CRM
・管理：RPA（Robotic Process Automation）、需要予測、サ
　　　　イバーセキュリティーへの対応

自動車を含むモビリティー産業への処方箋

　2020年夏時点、COVID-19の拡大は留まることを知らず、日系自動車メーカーはグローバルでの対応を余儀なくされている。おそらく2020年度の業績見通しは19年度以上に厳しいものになるだろう。しかし、だからこそ筋肉質の企業体質をつくるための既存事業の効率化はアフターコロナの論点であることは間違いなく、本来の目的である新価値創造への対応も止めてはならない。

MXとは、都市圏人口の増加とMaaSによる移動の最適化を要因に、人々の移動の在り方が変容し、結果として自動車の公共財化が進むことであり、都市部、地方部、観光地それぞれで生み出される付加価値（不動産価値、公共支出の効率化、雇用や居住人口の増加等）の見極めがマネタイズの要諦と述べた。

　実はこれは新しい考え方ではない。20世紀初めに、私鉄経営の基礎を確立したと言われる阪急東宝グループの創業者小林一三氏は、電鉄、住宅、娯楽施設を沿線に開発し経済拡大を図ることを指向していた。つまり、今起きているモビリティー革命は、この小林一三モデルにEX、DXが加わりアップデートされた取り組みと捉えることもできる。すなわち環境に配慮した持続可能な開発を行いつつ、デジタル技術を活用して、移動に紐づく産業へ投資を促し、エコシステムを構築して地域経済を拡大する。加えて言うならば日本で生み出したこのモデルをグローバルに展開していく、そしてそれが目下収益化に苦心するモビリティー産業が向かうべき方向性の一つとなるだろう。

　小林一三氏が残した言葉がある。「『努力の店に不景気なし』ということは、不景気の今日なお随分とたくさん証明されているのである。不景気なるが故に、一層『独創と努力』を必要とするのである」。

第 2 章

モビリティーの先へ、自動車メーカーの目指すべき7つの方向性

　自動車業界は現在、「100年に1度の大変革期」を迎えていると言われ、ちまたではCASEやMaaSという言葉がすっかり定着した。そうした中、一部の自動車メーカーは、引き続き「クルマづくり」に磨きをかけることのみならず、「モビリティーカンパニー」への変革を掲げ、新たな取り組みに着手している。

　しかし、足元を見れば、CASEのうち、A（自動運転）やE（電動化）については、完全自動運転やEVに関していえば、技術、コスト、インフラなどの面から思うように普及が進んでいない。また、C（コネクテッド）やS（シェアリング、利活用）は着実に普及しているものの、具体的なマネタイズ方法を見いだせていないのが実情である。

不都合な真実

　他方、世界の新車販売台数は、2019年の約9000万台から2030年に向けては数千万台増加することが見込まれており、数字だけを見れば自動車メーカーの成長余地は十分にあるように思われる。しかし、その内訳は、稼ぎ頭の量販車（ボリュームゾーン）から低価格な小型車へのシフトが顕著であり、台数は増えても単価が下落するため収益力の低下は避けられない。さらに、それに拍車をかけるようにCASEやMaaSへの全方位的な研究開発、設備投資は増加し、その回収がままならないというのが自動車メーカーの"不都合な真実"ではないだろうか。

　本章では、乗用車メーカーに焦点を当て、2030年を見据えた時に各社が持続的な成長を実現するために今後どうあるべきか、"目指すべき姿"とその実現に向けた課題について掘り下げていきたい。

自動車メーカーが目指すべき7つの道筋

　自動車メーカーと言っても、売上高は数兆円から数十兆円まで、各社の規模感は様々であり、当然取り得る選択肢は異なる。しかし、いずれの自動車メーカーも、今後進むべき方向性は以下の7つに集約されるのではないだろうか（図1）。

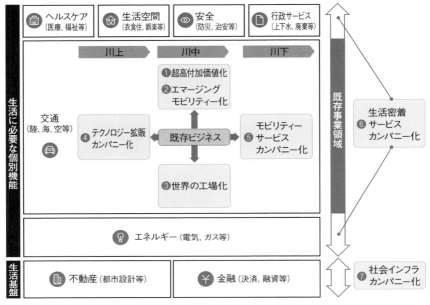

図1 自動車メーカーが目指すべき7つの道筋

出所：デロイト トーマツ作成

クルマづくりにこだわる

①超高付加価値化

②エマージングモビリティー化

③世界の工場化

クルマのバリューチェーンで稼ぐ

④テクノロジー拡販カンパニー化（川上シフト）

⑤モビリティーサービスカンパニー化（川下シフト）

モビリティーから染み出す

　⑥生活密着サービスカンパニー化

　⑦社会インフラカンパニー化

　最初の①〜③は、本業である「クルマづくり」にこだわる場合の方向性であり、既存のクルマをより高度化、あるいは効率化することにより収益化を図る戦略である。次の④⑤は、クルマのバリューチェーンにおける事業拡張の方向性であり、現業以外の収益源を内部に取り込むため、バリューチェーンの川上／川下領域に事業展開する戦略である。そして最後の⑥⑦は、「クルマ」や「モビリティー」という枠を超えた選択肢であり、いわゆる「生活」領域にまで事業拡張する戦略であり、各自動車メーカーは今後、これらの選択肢から選別、あるいは組み合わせることによって、自社ならではの進むべき道を模索することになるだろう。

クルマづくりにこだわる

　先述の通り、今後、従来型のクルマづくりは収益を生み出しにくくなることが予想される。したがって、「台数」×「単価」を前提とした場合、より高価なクルマづくりを追求する「①超高付加価値化」によって収益性を高めるか、従来のクルマの役割や機能を見直し、社会課題の解決に寄与すべく、新たな領域へ踏み出す「②エマージングモビリティー化」へ舵を切ることが考えられる。さらに、低コストな生産力を武器に他社からの

製造受託でボリュームを稼ぐ「③世界の工場化」も、もう一つの方向性となる。ここから、これら3つの方向性について詳説する。

①超高付加価値化

　超高付加価値化とは、一点豪華主義を追求し、消費者がプレミアムを払っても良いと思うようなクルマづくりへ特化することである。より高級感のある内外装を備え、より自由な形状やHMI（Human Machine Interface）などの選択肢を豊富に用意することで、消費者一人ひとりにカスタマイズされた一点もののクルマを提供することが差別化と成り得る。実際、3Dプリンターのような新技術の普及により、内外装の個別部品に対して、消費者のカスタマイズニーズを満たすオーダーメードの一点ものを作成することが可能となり、それらに対しプレミアムを支払うことも考えられる。

　加えて、クルマのソフトウエアの付加価値が重視されつつある背景を踏まえ、デザイン性だけでなくクルマが有する機能の高付加価値化により差別化を図ることもできる。例えば、米Teslaのように、追加費用を払えば、移動の利便性や快適性を高める先進機能が遠隔でアップデートされるサービスも存在する。常に先進機能を有したクルマを活用できることを魅力に感じ、Tesla車を購入している顧客も一定存在している。将来的には、完全自動運転が可能なクルマのように、遠隔で最先端機能もアップデートされ、その機能に対してプレミアムが支払わ

れる世界が到来するだろう。

　しかし、この方向性は顧客規模が限られる上に、特に高級路線は欧州系自動車メーカーが得意とする領域であり、スケールメリットを強みとしてきた日系大手自動車メーカーには困難な選択肢とも言える。加えて、消費者のクルマに対する意識も変化しており、かつての経済力を示すステータスや自己表現手段としてではなく、単に移動手段として捉える人々が増加していることや利用シフトの加速は逆風となり得るだろう。

　なお、2020年夏現在、セキュリティーの観点から、Tesla以外の自動車メーカーでは、遠隔でのソフトウエアアップデートの機能が搭載された車両は発売されていない。しかし、将来、遠隔アップデート機能搭載車両が一般化した際には、追加機能の先進性競争、または同一機能の価格競争が起こることも考えられる。

②エマージングモビリティー化

　エマージングモビリティー化とは、従来のクルマの概念を超えた新たなモビリティー領域に挑戦することである（図2）。

　例えば、1〜2人乗り専用の「パーソナルモビリティー」、電動キックスケーターのような「超小型モビリティー」、そして、かつてはSFでしかなかった「空飛ぶクルマ」など、今後実用化が期待されるモビリティーの開発／製造に注力する。これらは、単に目新しい移動体を作って世間の注目を集めることが目的ではなく、都市部での交通渋滞や過疎地での移動手段の減少

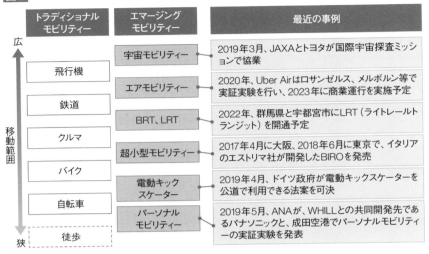

図2 エマージングモビリティーの動向

トラディショナル モビリティー	エマージング モビリティー	最近の事例
	宇宙モビリティー	2019年3月、JAXAとトヨタが国際宇宙探査ミッションで協業
飛行機	エアモビリティー	2020年、Uber Airはロサンゼルス、メルボルン等で実証実験を行い、2023年に商業運行を実施予定
鉄道	BRT、LRT	2022年、群馬県と宇都宮市にLRT（ライトレールトランジット）を開通予定
クルマ	超小型モビリティー	2017年4月に大阪、2018年6月に東京で、イタリアのエストリマ社が開発したBIROを発売
バイク	電動キックスケーター	2019年4月、ドイツ政府が電動キックスケーターを公道で利用できる法案を可決
自転車	パーソナルモビリティー	2019年5月、ANAが、WHILLとの共同開発先であるパナソニックと、成田空港でパーソナルモビリティーの実証実験を発表
徒歩		

移動範囲：広　→　狭

出所：デロイト トーマツ作成

など、各国で深刻化するであろう移動にまつわる社会課題の有効な解決手段となることを期待している。

　日本の自動車による移動距離は10km以内が約7割、乗車人数は2人以下が大半（国土交通省「超小型モビリティの成果と今後」）であることを踏まえると、パーソナルモビリティーの利用は、路上駐車などによって引き起こされる都市部の交通渋滞の解消に寄与するはずだ。加えて、モビリティーの多様化による移動利便性の向上は、移動弱者にも貢献しうる。例えば、過疎地域では高齢者の免許返納が相次いでいる一方、公共交通機関が不足しているため、多くの移動弱者が生じている。そのような状況において、乗用車よりも運転操作が容易な小型のモ

ビリティーは、移動弱者の新たな移動手段として十分に機能し得るだろう。

　また、MaaSをより高度なものへと進化させるためには、クルマ、鉄道、飛行機、自転車など、従来のモビリティーサービスの融合（モーダルミックス）だけでなく、新たなモビリティーの登場も期待される。実際、多くの企業が"空飛ぶクルマ"や"自動配送ロボ"などの開発を進めており、2020年代の実用化を目指している。これらの新たなモビリティーが登場することで、より移動の快適性が向上され、さらにラストワンマイルの物流なども一層効率化されることが考えられる。

　ただし、これらのモビリティーはいずれも黎明期にあり、多くの企業にとっては収益化が課題となっている。国土交通省の調査によると、パーソナルモビリティーの購入意向を持つ消費者でも、現状の販売価格（1人乗りで80万円程度）で購入したいと回答する割合は20％程度に留まる（国土交通省「超小型モビリティの成果と今後」）結果も得られており、普及のためには更なる低価格化が求められる。しかし、自動車メーカー各社の高い品質基準と量販車製造のための大規模な設備投資は、低価格化を実現するための大きなハードルとなるかもしれない。解決策としては、例えば安価な小型車の製造に強みのある軽自動車メーカーと手を組み、収益化を図る方法も存在する。まずは、市場への普及、浸透を促し、量産化が実現されるように根気強く取り組むことが肝要だ。

③世界の工場化

　世界の工場化とは、自社の生産リソースの効率性を極限まで高め、他社からの製造受託によってスケールメリットを得ることである。数年前、中国で新興EVメーカーが乱立したように、EV化はクルマづくりのハードルを下げた。既に、電子機器業界で台湾Foxconn Technology Group（鴻海科技集団）が製造受託会社として台頭してきたように、自動車業界でも同じ流れを作れる可能性が出てきた。

　世界の工場化における想定顧客は、既に大規模な製造設備やノウハウを持ち合わせている従来型の自動車メーカーではなく、それらを必要としている中国やインドなどの新興自動車メーカーとなるだろう。世界の工場化において、日系自動車メーカーの強みである良品廉価なクルマづくりは競争優位性をもたらし、自動車業界に参入する新興メーカーの増加は追い風になるはずだ。さらに今後、シェアリングの拡大により乗用車の顧客が個人から法人（フリート）にシフトした場合、法人顧客はより廉価なクルマを大量に作れる自動車メーカーを求める可能性があり、そのニーズに応えることも一つの選択肢となる。

　しかし、いくつか課題がある。まず、現在も多くの人手が介在する製造工程をいかに自動化、省人化させ、他社が委託したくなるような低コストなモノづくりを実現できるか。今後、新興自動車メーカーはより安価な製造委託を求めてくる可能性が高い。したがって、日系自動車メーカーの場合、各社が誇る高品質なモノづくりが製造受託においては"過剰"となる可能性

もある。前述のFoxconnは、ほとんどのプロセスを自動化、省人化しており、限界費用を限りなく低く抑えている。一方、安全が最優先のクルマづくりの場合は、要求される品質基準が高いため、自動化、省人化は容易ではない。しかし、中長期的に見れば、テクノロジーの進化により自動車業界においてもサプライチェーンがデジタル化され、AIによる機械／設備の自律化が進めば、クルマづくりの自動化、省人化は実現できるだろう。

　また、クルマの設計思想が異なる他社のノウハウをどう吸収するかも課題となる。系列取引を中心として事業展開をしてきた日系自動車メーカーは、他系列の部品やモジュールを取り扱うノウハウが不足している。一方で、欧州系自動車メーカーの場合、水平分業が定着しているため、他メーカーの部品やモジュールを取り扱うノウハウが蓄積されており、競争優位を創出しやすいと考えられる。ただし、今後、EVが普及すれば、部品点数が大幅に削減されることで、日系自動車メーカーにおいても他系列の部品やモジュールを取り扱うことは比較的容易になると想定される。

クルマのバリューチェーンで稼ぐ

　クルマづくりにこだわり収益化していくためには、量販車に依存した経営から脱却し、時代に合わせた新しいクルマづくりを検討していくことが肝要だ。しかし、CASEの進展に伴い、バリューチェーンにおけるクルマづくりの付加価値は相対的に

低下することは明らかだ。したがって、ここからは視点を変えて、クルマのバリューチェーン全体での方向性を検討したい。一つは川上領域（素材、部品）を目指した「④テクノロジー拡販カンパニー化」、もう一つは川下領域（利活用サービス）への拡大を目指す「⑤モビリティーサービスカンパニー化」である。

④テクノロジー拡販カンパニー化（川上シフト）

　テクノロジー拡販カンパニー化とは、クルマの開発、製造で培った最新技術やノウハウを他社に販売することにより、川上領域の新たな収益を獲得することである。自動運転システムや電動化モジュールなど、ハードとソフトの一体販売はもちろんのこと、車載OSや生産技術などソフトだけの拡販も含む。これらの販売先は、他の自動車メーカーに限る必要はなく、異業種への拡販も含む。特に、高い技術力を売りとする自動車メーカーにとっては、有力な選択肢となり得る。

　例えば、米Qualcommは、携帯電話用のチップの製造に加え、保有するライセンスを外販することで、高い利益率を実現している。同社は、通信規格関連の特許を囲い込み、標準化団体が求める機能要件を実現させることにより市場優位性を築いた。自動車業界においても、自動運転や電動化モジュールなどを拡販する例はある。トヨタ自動車は、中国における燃料電池車（FCV）市場を切り開くため、従来のクルマの製造に加え、水素と空気中の酸素を反応させて電気を発生させる基幹部品「FC（燃料電池）スタック」の提供を開始した。また、ドイツ

Volkswagenは、Car.Software部門を新設し、ソフトウエア人材を積極的に採用することで、車載OS「vw.OS」の開発を強化し外販することを企図している。この方向性は、世界の工場化と同様、自動車業界に参入する新興自動車メーカーの増加が追い風になるだろう。

　ただし、多くの自動車メーカーは、個別部品ごとに細分化された系列部品メーカーに製造を委託、あるいはメガサプライヤーに多くを依存している傾向があり、いざ競争力のあるシステムやモジュールを拡販しようにも、その実現のハードルは高いだろう。まずは、どの技術やノウハウが重要になるかを見極め、明確な知財戦略を描いた上で、自社の持つ技術が競争力を発揮できるような仕組みを構築することが肝要である。

⑤モビリティーサービスカンパニー化（川下シフト）

　モビリティーサービスカンパニー化とは、バリューチェーンの川下、すなわち利活用サービスを手掛けることである。既に一部の自動車メーカーが着手しているように、カーシェア、配車アプリ、マルチモーダルなど、多くのサービスが挙げられる。2030年に向け、モビリティーサービス市場の急成長が期待されており、その期待を背景にUberやLyftなどの新興モビリティーサービス企業群に巨額の資金が流入している。また、自動車メーカーも積極的にモビリティーサービス事業者と提携を進め、モビリティーサービスカンパニー化を加速させている。

　しかし、現状モビリティーサービス単体で収益を上げること

は難しい。前章で述べた構造的要因に加えて、ライドシェアにおいては、スイッチングコストの低さがほぼ完全競争の環境をもたらすため、独占化しない限りマーケティング費用がかさむことになり、一向に収益を生まない可能性すらある。

そのため、自動車メーカーがモビリティーサービスを展開する場合、「あくまでも収益化を模索する」のか、あるいは、「モビリティーサービス単体でもうけるのではなく新車販売のための手段として位置づける」のか等、事業の位置づけを明確にする必要がある。

モビリティーから染み出す

先述の通り、川上シフトはメガサプライヤーに分があり、川下シフトは有象無象のプレーヤーがひしめくレッドオーシャンであることを踏まえると、クルマのバリューチェーンで持続的に稼ぎ続けることは難しい。ここからは、クルマやモビリティーという枠から飛び出す方向性を考えたい。モビリティー以外の事業領域は無数であり、モビリティー以外の広範な領域全てに取り組むことは、あまり現実的ではない。そのため、何らかの判断軸や基準が必要になる。そこでキーワードとなるのが「社会課題」である（図3）。

10年ほど前、米国の経営学者マイケル・ポーター教授が「CSV（Creating Shared Value）」という概念を提唱し、企業において社会課題解決と経済的価値は共存し得ると説いた。以前は、CSR（Corporate Social Responsibility）という考え方が

図3 グローバルメガトレンドと主たる社会課題

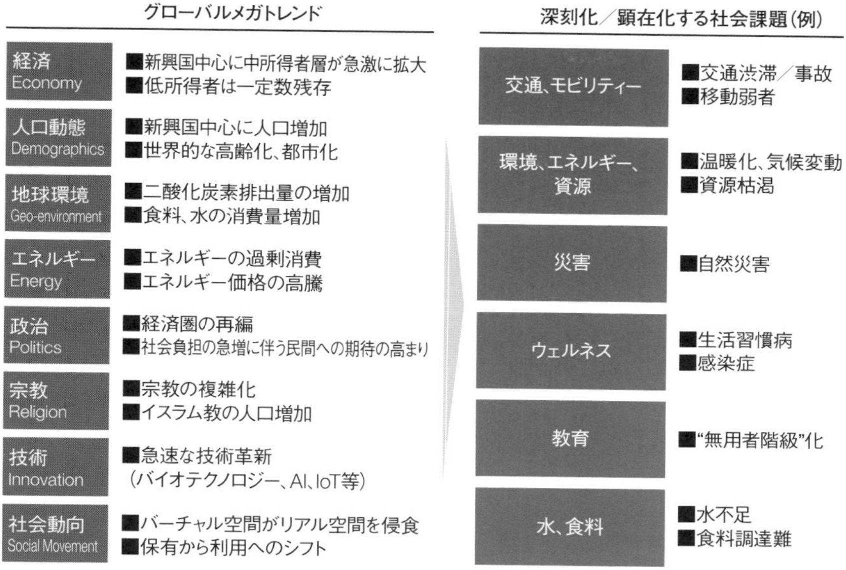

グローバルメガトレンド　　　　　　　　　　深刻化／顕在化する社会課題(例)

経済 Economy	■新興国中心に中所得者層が急激に拡大 ■低所得者は一定数残存
人口動態 Demographics	■新興国中心に人口増加 ■世界的な高齢化、都市化
地球環境 Geo-environment	■二酸化炭素排出量の増加 ■食料、水の消費量増加
エネルギー Energy	■エネルギーの過剰消費 ■エネルギー価格の高騰
政治 Politics	■経済圏の再編 ■社会負担の急増に伴う民間への期待の高まり
宗教 Religion	■宗教の複雑化 ■イスラム教の人口増加
技術 Innovation	■急速な技術革新 (バイオテクノロジー、AI、IoT等)
社会動向 Social Movement	■バーチャル空間がリアル空間を侵食 ■保有から利用へのシフト

交通、モビリティー	■交通渋滞／事故 ■移動弱者
環境、エネルギー、資源	■温暖化、気候変動 ■資源枯渇
災害	■自然災害
ウェルネス	■生活習慣病 ■感染症
教育	■"無用者階級"化
水、食料	■水不足 ■食料調達難

出所：デロイト トーマツ作成

一般的であり、社会課題対応は本業とは別に収益度外視で取り組む慈善事業という意味合いが強かったが、CSVという概念は、企業にとって社会課題との向き合い方を180度転換させるきっかけとなった。また、2015年には、国連が「持続可能な開発目標（SDGs：Sustainable Development Goals）」を採択し、社会課題対応において企業が主要な行動主体であると定義した。

　このように、世界的に企業が社会課題に対峙することが求められるようになった背景には、社会課題があまりに増加、深刻

化する中で、各国政府の社会課題への対応力が減衰したことが挙げられる。例えば、バイオテクノロジーにより生じる生命倫理の問題のように、新しい技術や価値観がもたらす社会課題に対して、各国政府の規制対応が追い付かない、あるいは各国間での方針の足並みがそろわないようなケースが増加している。そのため、各企業は政府に頼るのではなく、自らの社会的責任によって自らを律する必要性が出てきている。

そして、こうした潮流により、社会課題に対峙しない経営姿勢は、企業の持続性を妨げる可能性が出てきた（図4）。例えば、短期的には、気候変動への対策が不十分と認識された場合、投資の引き上げや、ESG投資／グリーンファイナンスの

図4 社会課題に対峙しないリスク

短期	資金調達コスト増 ■気候変動への対策が不十分との認識により、投資の引き上げや、ESG投資／グリーンファイナンスの機会喪失などを招き、財務コストが上昇する 環境評価、ブランド低下 ■国際的な情報開示ルールに対応していないとして、環境評価、ブランドが低下 訴訟 ■重要な情報の報告義務を怠ったとして、株主等から訴訟を受ける （例：豪コモンウェルス銀行）
中期	規制 ■情報開示ルールに則っていないとして、政府より罰則を科される （欧州では複数国で法制化の動き）
長期	経営自体の弱体化 ■気候変動の不確実性に対応できず、機会を喪失する、またはリスクを被るなどして、企業の長期的な存続が危ぶまれる

出所：デロイト トーマツ作成

機会喪失などを招き、財務コストが上昇するリスクが考えられる。既に昨今、SDGsに対応していない企業には資金が集まらないという流れも出つつある。また、中長期的には規制により現状のビジネスモデルが維持できなくなる可能性や、通商リスクなどに対応できず事業機会を喪失する可能性もある。つまり、今後の事業活動を考える上で「社会課題解決」は避けて通れないのである。

　この社会課題解決という概念は、実は自動車メーカーにとっては親和性が高い。例えば、トヨタ自動車の豊田綱領には「産業報国の実を挙ぐべし（一部抜粋）」とあり、2011年に発表されたグローバルビジョンの中には「いい町・いい社会」とあるように、国や社会の困りごとの解決を主導していく意志がうかがえる。また、ホンダの社是には「地球的視野に立ち、世界中の顧客の満足のために（一部抜粋）」との記述があり、高い視座で人々の生活を豊かにしたいという思いが読み取れる。共通していることは、「クルマ」に限定した表現ではないこと、また、地球、国、社会を良くしたいという強いメッセージが込められていることである。このように、自動車メーカーには、古くから社会課題に対峙する姿勢や心構えがあった。

　では今後、自動車メーカーはどのような社会課題に向き合うべきか。幾多もある社会課題の中で、特に自動車メーカーが着目すべき課題は、クルマが大きな要因となっている交通渋滞／事故などの「移動」に関わる事項と、温暖化、環境汚染などの「エネルギー、資源」に関する事項であろう。実際、日本の

CO_2排出総量に占める運輸部門の割合は18％程度であり、環境問題の主な要因になっていると言える。さらに、生活基盤として人々の移動を支えてきた自動車メーカーとして、社会の期待を超えた社会課題に対峙することも一考に値する。すなわち、自らの戦う土俵をより広義に捉え、「生活」の領域にまで拡張するのである（図5）。

「生活」領域にまで事業を拡張する際には、クルマやモビリティーを起点に他領域へ拡張し、QoLを高める発想が肝要である。なぜなら、モビリティー領域に閉じた製品やサービスの提供だけでは社会課題の解決は限定的、かつ事業性が低いケースが多いからだ。具体的には、「交通渋滞」というモビリティーに係る事項に対し、単にカーシェアやマルチモーダルなどの個

図5　社会課題を起点とした事業展開の検討フレーム

出所：デロイト トーマツ作成

別モビリティーサービスを提供するだけでなく、月額定額のモビリティーサービス付きの住宅まで提供することで、「生活」領域へ染み出していくイメージである。すなわち、クルマやモビリティー以外の視点から、モビリティーに係る社会課題へ複合的にアプローチすることが必要である。

　最後に、「生活」領域にまで事業を拡張するために、「生活」に必要な要素を整理する。生活に必要な機能は、ヘルスケア、生活空間、安全、行政サービスといった個別機能と各機能のイネーブラーとなる交通、エネルギーによって構成される。さらに、経済活動基盤は、あらゆる経済活動に必須である不動産（都市設計、インフラなど）、金融（決済、融資など）によって構成される。この構成要素の中で、クルマやモビリティーを起点に生活領域に染み出す「⑥生活密着サービスカンパニー化」と、生活基盤のリ・デザインによって暮らし全体の質を高める「⑦社会インフラカンパニー化」の2方向について考察する。

⑥生活密着サービスカンパニー化

　生活密着サービスカンパニー化とは、生活の質を高めるための個別具体的な事業を展開することである。具体的には、エネルギー関連事業（発電、需給調整など）やヘルスケア関連事業（医療、福祉など）といった生活に必要な個別機能を自ら提供することが考えられる。

　例えば、Uberは患者向けの配車サービス「Uber Health」を提供している。このサービスは、移動困難者の医療アクセシビ

リティーを高めつつ、搬送補助金、脆弱な交通による診療生産性低下など社会コストの低減によるマネタイズを企図している。米国では、確実な移動手段がないことが原因で診察の予約時間に間に合わなかった人が年間360万人もおり、診療を受けられなかった結果、緊急搬送や再入院が増加したことで年間1500億ドルの損失が発生し、深刻な社会課題となっている[1~3]。医療機関は、Uber Healthを利用してウェブ上で配車手配を行い、患者が予約を履行しやすい環境を整備できた。このサービスは、モビリティーをてこに医療サービスを効率化、高度化することで、患者からの支出ではなく、医療機関からの支出で収益化している点が特徴だ。このようなモビリティーを起点としたサービスの提供により、個別機能（ヘルスケア、生活空間、安全、行政サービス）の生産性向上や競争力強化が可能となった。

　Uber Healthは、モビリティーから生活領域に拡張した事例だが、生活サービスを手掛ける企業がモビリティーサービスに事業展開する事例も存在する。中国のオンライン生活情報プラットフォーマーであるMeituan（美団点評）は、生活サービスの利用促進による収益化を企図し、モビリティーサービス（配車サービス）に進出した。同社は、中国版の食べログ、あるいはグルーポンであり、共同購入型のクーポンサイトの運営からスタートし、レストラン、ホテル、レジャー施設などの口コミの投稿や閲覧、チケットの購入にまでサービスを拡張してきた。モビリティーサービスに進出することで、自社の生活

サービスをより利用しやすい土壌を造り出し、主な収益源である事業者からの広告収入の単価上昇に加え、今後徴収予定の送客手数料によるマネタイズを企図している。

このように、生活密着サービスカンパニー化において意識すべき重要なことは、収入源を移動対価（交通費支出の奪い合い）だけに留まらず、家計の交通費以外の生活支出や企業／政府の支出など、他の"財布"にまで広げる発想である。

また、モビリティーを単なるヒト／モノの移動体ではなく、エネルギーの移動体と捉えるV2G（Vehicle-to-Grid）を活用したVPP（バーチャルパワープラント）、マイクログリッドなどのエネルギーマネジメントや需給調整能力を活用した再生可能エネルギーによる発電も、生活密着サービスカンパニー化の一例である。近年、一部の自動車メーカーがエネルギー領域の取り組みを加速させている。例えば、Volkswagenは、2019年に一般家庭向けの電力供給マネジメント及び小売り事業のドイツElliを設立した。Volkswagenの幹部は、設立の目的を「EV普及に向けた触媒としての役割を期待している」とし、EVの普及を促進させたいという思惑がうかがえる。しかし、「将来的にはElli自体の収益化も狙う」とも述べており、クルマづくりのためだけではなく、むしろモビリティーをフックに染み出した領域でのマネタイズも見据えている。

この「生活密着サービスカンパニー化」という方向性は、これまでクルマづくりで培ってきた技術やノウハウを転用できない領域に踏み込む可能性もあり、参入する強い意志（社会課題

解決への決意）が求められる。また、この新たな領域を自前で
推進するのではなく、異業種プレーヤーとの連携によって進め
る「仲間づくり」が重要となるだろう。さらに、「クルマ」×
「新領域」をいかに組み合わせ、どのようにマネタイズするか
というビジネス設計も肝要となる。

　2020年、COVID-19の感染拡大により世界中の人々が不安に
さいなまれたが、一部の自動車メーカーは支援に乗り出した。
例えば、米General Motorsは人工呼吸器を生産し、トヨタ自
動車も人工呼吸器や医療従事者向けフェイスシールドの生産に
乗り出した。これらの取り組みは、一部は政府からの要請もあ
り、また収支などは度外視で始めたものであろうが、自動車
メーカーが社会課題解決のために本業とは直接結びつかない
「医療」領域に進出した姿は、消費者の想像を超えて「生活密
着サービスカンパニー化」に踏み出した一つの好例であったと
思う。

⑦社会インフラカンパニー化

　社会インフラカンパニー化とは、個々の事業領域ではなく、
生活全体の質を高めることが可能な生活基盤領域へ染み出すこ
とで、新たな価値を提供することである。従来、自動車メー
カーが提供してきたクルマ、あるいは今後提供しようとしてい
るモビリティーサービスは、あらゆる生活や経済活動を支える
"移動インフラ"であると捉えれば、その移動インフラを起点
に、より生活、経済全体の根底をなすインフラ、すなわち「不

動産」や「金融」領域に染み出すことに親和性があると言える。

　まず、不動産領域へ染み出すとは、都市化や過疎化という社会課題を背景に、特定の都市における街づくり（都市設計）を通じ、街全体の利便性、効率性、魅力を高め、最終的に不動産価値の向上を図ることである。

　例えば、米Alphabet傘下の米Sidewalk Labsは、カナダ・トロント市でのスマートシティー構想において、交通ビッグデータの解析による交通流最適化システムの導入、自動運転システムや無人移動サービスの導入、エネルギー量のデジタル化によるエネルギー利用の最適化、変動可能な路肩利用による公共空間の有効活用などを検討していた。他にも、トラックの都市流入を抑制するため都市内物流センターを建設し、自動配送ロボを活用すること、スマートコンテナに荷物を載せ替え、戸別配送の実施を検討していた。このように、移動、エネルギー、住居などの都市の様々な問題を解決するために、都市インフラ全体を向上させることで人々の生活を一変させることを狙いとして、実際にトロントの不動産価値は上昇していた。

　また、日本では、例えば、東急グループが東京の渋谷駅を中心に大規模な再開発を進めている。同社は、鉄道やバスなどの「交通事業」、オフィスや住宅などの「不動産事業」、百貨店やスーパー、映画館などの「生活サービス事業」を手掛けている。「生活サービス」の拡充により目的地（駅前）の価値や魅力を高め、多様な「交通」手段の提供によって移動の利便性を

高め、その結果として、人々が集まる目的地及び沿線の「不動産」価値が高まるという構図の中で、同社の各事業を有機的に結合させ、相乗効果によって複合的な収益化を図ろうとしているように見受けられる。

この場合も、⑥生活密着サービスカンパニー化と同様、個々の生活サービスは必ずしも自前で全て提供する必要はなく、異業種を巻き込んだ仲間づくり（コンソーシアム）が求められる。また、既に海外では、他企業との連携によって生活に関わるあらゆる費用（住居、家電、水光熱、飲食、家事など）をパッケージ化し、いわゆる「生活のサブスクリプション化」を図ることで、個々の生活者に最適なサービスを提供する企業も現れつつある。

次に、金融領域へ染み出すとは、あらゆる経済活動の潤滑油であるカネの流れを押さえ、各種手数料や金利などの負担を軽減すべく、最適な金融サービス（融資、決済など）を提供し、経済全体の効率性を一層高めることを意味する。現状、自動車メーカーは、車両の販売やリースなどを通じて、自社顧客の財布の一部を押さえているが、それを日常的な決済にまで広げることが第一歩となる。そして最終的には、⑥生活密着サービスカンパニー化との組み合わせにより、自社顧客だけでなく街全体の金流を把握できれば、個人、法人のリアルな取引実績に基づく精緻な信用力審査によって、より最適な融資サービスの提供も可能になる。例えば、ケニアの通信最大手Safaricomは、ケニアで銀行が不足していることによる送金インフラ不足を背

景に、携帯電話を活用した送金インフラを構築した。現在では、ケニア国民の7割以上が活用している。同社は、送金インフラから取得した情報をもとに利用者の信用情報を入手することで融資事業も展開している。また、その結果、Safaricomの代理店を作ることで新たな雇用を創出しており、ケニア経済への影響は大きい。

　それでは、自動車メーカーは、社会インフラカンパニー化に向けて、どのようなビジネスモデルを築き、事業展開するのが望ましいのだろうか。まず、モビリティーを起点とした魅力的な街づくり（不動産価値向上）について検討したい。今後、モビリティーサービスが進展することにより、都市の姿やインフラが変化し、新たな提供価値が顕在化することが想定される。

　具体的には、「駅近＝便利」という従来の常識により、生活圏が過度に集中し都市部の家賃が高騰するという現代の社会課題に着目し、新たな価値を提供するものだ。例えば、アンダーバリューの駅遠物件に、モビリティーサービスを組み合わせて移動利便性を付与することで不動産価値を分散化させる発想である。実際、米サンフランシスコ市では、ライドシェアが普及したことで、公共交通から徒歩5分以内の駅近賃貸物件がそれ以外の賃貸物件に対して相対的に価格プレミアムを低下させたという事例もある。

　2020年のCOVID-19まん延を受け、人々は在宅勤務、オンライン学習、フードデリバリーなど、生活を「バーチャル化」させる工夫をした。そして、一部の企業や消費者において、

COVID-19収束後も在宅勤務を継続するなど、移動せずともバーチャルに生活する行動様式が浸透しつつある。そして、将来的に、このような生活が定着することにより、地代が高く人の密集する都市部から郊外への移住を希望する消費者が一定程度出てくる可能性がある。その郊外の魅力を高める生活サービス（コンテンツ）を拡充しつつ、郊外での移動利便性を高めるモビリティーサービスを提供するといった郊外型の不動産開発を展開することは、自動車メーカーの既存事業の優位性を生かした戦略となり得るのではないだろうか（図6）。

　次に、自動車メーカーが「金融」領域へ染み出す際のビジネスモデルについて検討していく。ここでも、現在の金融機能において、どのような課題や不経済が生じているかを念頭に置

図6 不動産開発の展開パターン

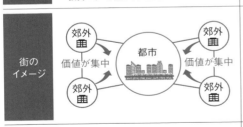

	都市型の不動産開発	郊外型の不動産開発
街づくりの特徴	■結節点を中心とした街づくり 大規模ターミナル駅等を中心に商業／オフィス物件集積 投資マネーが集まり、さらなる不動産価値向上	■郊外の移動利便性向上を企図した街づくり 都市の不動産価値を郊外に分散させる ■郊外に高い目的価値を創出する街づくり
街のイメージ	郊外　郊外　都市　郊外　郊外 価値が集中　価値が集中	移動利便性向上 郊外　郊外　都市　郊外　郊外 価値が分散　価値が分散 高い目的価値創出
街づくり主体としての要諦	■一等地（駅近など）の確保 ■資産価値の維持、保全	■便利、快適なモビリティーサービス ■ユーザーを集積できる目的価値（コンテンツ）

出所：デロイト トーマツ作成

き、金融のあるべき姿を描く必要がある。現代の経済活動において、各種有価証券の発行／管理コスト、取引決済に係る手数料、そして借入金に対する高い金利などは、できれば効率化したいキャッシュアウトである。したがって、これらの課題を解決するために、より廉価な手数料の決済インフラや、あらゆる情報からより精緻に与信を判断し、より適切な金利に基づいた融資を提供していくことが提供価値となり得る。

　自動車メーカーが金融領域に参入するためには、まず、自動車メーカー各社の顧客を中心に、自社の金融サービスを日常的な決済手段として利用しやすい仕組みにすることが肝要である。2019年11月、トヨタ自動車はキャッシュレス決済サービス「TOYOTA Wallet（トヨタウォレット）」をリリースした。ユーザーが日常のあらゆる決済場面で利用してくれることを期待し、そのために、前払い式（電子マネー）、後払い式（クレジットカード）、即時払い（デビット型決済）などの各種方式に対応している。

　今後、自動車メーカーが金融領域の課題解決を目指すには、自社の金融サービスをより広範なユーザーに利用してもらう必要がある。例えば、各社が提供し始めているMaaSサービスにより、自社顧客以外に顧客基盤を拡大することが可能である。さらに、PayPayやSuicaなどの様々な決済サービス事業者と連携することにより、顧客基盤を一気に拡大することも選択肢となる。そして、経済活動のあらゆる決済情報、すなわち商流、金流を把握し、消費者の信用を精緻に分析することで、最

適な金利に基づいた融資も実現可能となる。このように、自動車メーカーが金融領域へ染み出す際には、既存の顧客基盤をいかに広げ、情報を掌握するかが大きな課題となる。

　なお、自動車メーカーが「社会インフラカンパニー化」として競争優位を発揮できるかどうかは、「不動産」と「金融」では大きく異なるだろう。金融領域は、基本的にバーチャルな世界で完結する産業であり、既存の大手金融機関に加え、十億人単位の顧客基盤を持つテックジャイアントが強力なライバルとなり、自動車メーカーにとっては苦戦を強いられるかもしれない。一方、不動産領域は、既存のデベロッパーや不動産会社は多数存在するものの、必ずしもテックジャイアントに席巻されるような領域ではなく、また、リアルとバーチャルが一体となって成立する産業であることから、クルマやモビリティーという武器を持つ自動車メーカーが、特定地域においてローカルチャンピオンとなる可能性は残されているだろう。各地域の特性や競争環境に合わせたローカライズ戦略を策定することが重要となる。

「サイバー」×「フィジカル」な戦い方

　最後に、自動車メーカーが、⑥生活密着サービスカンパニー化、あるいは⑦社会インフラカンパニー化のような姿を目指す上で、「サイバー」×「フィジカル」の融合の重要性について触れておきたい。「サイバー」×「フィジカル」の融合とは、フィジカルな空間から膨大なデータをサイバー空間に収集し、

データ分析によって得られた結果をフィジカル空間にフィードバックする一連の仕組みのことを言う。この実現のためには、自動車メーカーは、生活上の情報を統合した基盤となる「統合情報プラットフォーム」を構築することが求められる（図7）。

　先述のSidewalk Labsは、街中に設置したセンサーと統合情報プラットフォームを活用することで、新たな提供価値を創出しようとした。例えば、建物内外にセンサーを設置し、振動、有害物質、ノイズなどの異常を検知、それらをリアルタイムで通知し、使用していない部屋、エリアのエネルギーの制御を試みた。近年、テックジャイアントが各種のセンサーやスマート

図7「サイバー」×「フィジカル」

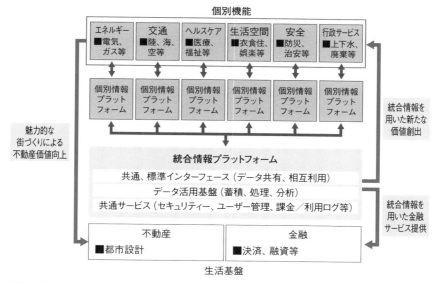

出所：デロイト トーマツ作成

スピーカーなどを使い、リアルな住宅や店舗の中などのフィジカル領域へ事業展開している背景には、新たな収益源の獲得だけでなく、フィジカルな接点を通じたリアル空間のデータ収集とデバイス制御などにより新たな価値提供を実現したい意図がある。ただ、残念ながら、生活データの収集や活用方法について地元住民からの反対が相次ぎ、2020年5月にSidewalk Labsはプロジェクトから撤退した。スマートシティーにおけるデータ活用の難しさが浮き彫りになった事例だ。

一方、中国Alibaba Groupは、EC（電子商取引）事業による商流、決済事業による金流、輸送プラットフォーム事業による物流を掌握しており、自社に集中するデータを解析し、個人の信用情報をスコアリングして可視化することを実現している。信用スコアの高得点者は、融資において無利息期間の延長などの優待が受けられる一方で、低得点者は一部ホテル／レンタカーの予約が不可になる場合もある。信用スコアが根付いた中国では、信用度＝個人ステータスと認識されることで、信用度アップをインセンティブに模範的行動をとるようになるなど、中国の人々の意識まで変革しつつある。

既に多くの自動車メーカーは、コネクテッドカーの開発に伴い、自社のクルマやドライバーの情報を収集するためのモビリティープラットフォームづくりを進めている。しかし「無意味なデータ」をコンピューターに入力すると「無意味な結果」が返される「Garbage In Garbage Out」という概念があるように、「統合情報プラットフォーム」の構築に際しては、必要な

情報を実生活においてどのように取得するか、得られた情報からどのような価値を見いだすか、また、最終的にどのようにビジネスとして仕立て上げるかを綿密に検討する必要がある。

　また、Sidewalk LabsとAlibabaの比較から分かるように、「統合情報プラットフォーム」を通じたデータの収集、蓄積、分析に対しては、国／地域ごとに法制度や国民の受容性が異なり、必ずしもこれが正解というものはない。しかし、ブロックチェーンなどの新技術を活用してデータの安全性を担保したり、データ銀行の設立を通じて公共性を担保したり、あるいはデータを一時利用した後に集積しない仕掛けをつくるなど、地域住民にとって受け入れやすいフェアな制度や仕組みをつくることが重要になってくる。

　2020年初、トヨタ自動車が「CES」で発表した「Woven City」構想は、まさに自動車メーカーがモビリティーから染み出すことを宣言した画期的なニュースであった。同社がどのような世界を描き、「モビリティーカンパニー」のその先の姿を描くのか、今後も目が離せない。

　自動車メーカー各社には、これまでの強みであるクルマづくりを大切にしながらも、自社の思いや理念を踏まえた新たな方向性を再定義し、未来の世界に向けてチャレンジしていただきたい。

参考文献

1）NCSL「Non-Emergency Medical Transportation: A Vital Lifeline for a Healthy Community」(2015年7月1日)
2）Business Wire「Circulation Expands into 700 Health Facilities across 25 States」(2017年4月20日)
3）The Verge「Uber is driving patients to their doctors in a big grab for medical transit market」(2018年3月1日)

第 3 章

収益化に向けた自動車メーカーの今取るべき打ち手

03

　前章で詳説したような新たな事業機会を捉えるために、自動車メーカーや自動車部品メーカーは積極的な投資を行う一方、収益性の低下という困難な課題に直面している。加えて、COVID-19の影響による、世界的な需要／供給双方の減速が、さらに経営を圧迫することは免れないだろう。このような環境下でも、自動車メーカーが持続的に成長を遂げるためには、車両や部品の生産、販売などの既存事業を見直し、新たな事業機会への投下原資を捻出する必要がある。

　2020年7月現在、COVID-19により世界は未曽有の危機に面しており、報道はCOVID-19一色だ。このような中でCOVID-19以前のことについて目を向けられる状況にはないのだが、自動車メーカーが抱えている課題の本質はCOVID-19以前よりある。

　本章ではCOVID-19の影響を受ける以前の自動車業界の環境変化及び課題を起点とし、日系自動車メーカーの事業環境を今

一度整理した上で、今後取り組むべき変革を提案したい。

自動車メーカーを取り巻く環境変化と課題

　近年の複雑な世界情勢や経済の低成長に伴い、自動車業界においては先行き不透明感が増す一方である。その中でも日系自動車メーカーは海外自動車メーカーと比べて高い水準で営業利益率を維持していたのだが、2018年度決算では減益が続出した。製造原価の上昇や販売費及び一般管理費の高止まりにより、企業の"稼ぐ力"が弱くなっていたのではないだろうか（図1）。

　減益の背景には、地域戦線、技術戦線を拡大してきたことに

図1 日系自動車メーカーの"稼ぐ力"の弱まり

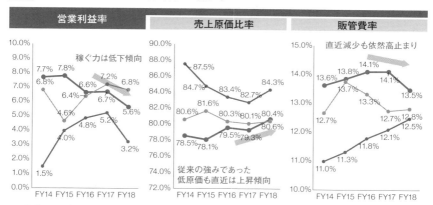

日系：トヨタ、ホンダ、日産、三菱自、スズキ、スバル、マツダ
米系：GM、Ford、FCA
欧州系：VW、PSA、Daimler、BMW

出所：各企業財務データを基にデロイト トーマツ分析

よる、①不採算事業の拡大、②製造原価（コスト）の上昇、③
開発工数の不足、がある。特に、CASEへの対応は、自動車
メーカーや自動車部品メーカーにとって新たな事業、製品、技
術領域への投資競争になっており、収益を圧迫する一因となっ
ている。

・**C（コネクテッド）**：自前でのコネクテッドサービス開発、
運用体制構築（データセンターや解析基盤等）への投資に加
え、異業種やスタートアップへの資本出資、技術提携が増加
・**A（自動運転）**：技術／人材獲得に向け、シリコンバレー等
におけるADAS（先進運転支援システム）／AD（自動運転）
の開発拠点設立やスタートアップへの出資に加え、実用化に
向けた実証実験の推進に多額の費用を投入
・**S（シェアリング、利活用）**：自前でのカーシェア事業の参
入／拡大による負担増に加え、ライドシェアやマルチモーダ
ル連携サービス等、サービス事業者の囲い込み競争が激烈化
・**E（電動化）**：依然として車載電池を中心に電動車部品のコ
ストが重荷なことに加えて、環境規制に対応するために、車
種数×生産国数が増加。将来的な量産効果創出に向けた、専
用プラットフォーム開発、専用工場、製造ライン新設等への
投資が必要

　加えて、地球規模でのサステナビリティーの観点から、自動
車業界に求められる環境対応は新たな局面を迎えている。第1

章で述べた通り、地球温暖化に伴う世界的な気候変動への対応として、自動車メーカー各社は従来の走行中にCO_2を出さない"ゼロエミッション"の車両を開発／供給するだけでなく、部品や物流まで含めた川上から川下までのバリューチェーンにおけるCO_2排出量の特定と、削減（またはオフセット）を進めなければならないことが今後想定される。また、資源枯渇への対応として、資源を入手、生産、消費して廃棄する、という従来の直線的な経済活動ではなく、製品／部品を補修しながら繰り返し利用し、廃棄物を再資源化する循環型経済活動（＝サーキュラーエコノミー）への対応も進める必要が出てくるだろう。2016年の「CES」にてCASEを提唱したDaimlerは、2020年に同じ場で「ゼロ・インパクトカー」のコンセプトを発表したが、その内容はまさに、車両のライフサイクルを通じたCO_2排出ゼロと、資源消費の大幅削減を企図したものであった。

　このように様々な変化への対応に多くの投資が求められている中、足元のビジネスに多大な影響を与えるCOVID-19がさらに追い打ちをかけている（図2）。2019年末に中国武漢市で発症が始まったCOVID-19は、その後、日本、アジア、欧州、北米、中南米、そしてアフリカへと感染が拡大し、2020年7月現在においても感染者拡大の勢いは留まる気配はなく、収束がまったく見通せない状況にある。また、都市のロックダウン、外出自粛／規制等により感染が一時的に抑えられている国や地域においても、経済活動の再開に伴い、第2波、第3波と感染増加の傾向が見られ、COVID-19は中長期にわたり経済活動に

図2 自動車メーカーが置かれている環境と課題

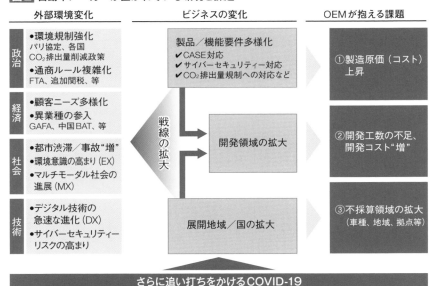

外部環境変化

政治
- 環境規制強化
  パリ協定、各国
  CO_2排出量削減政策
- 通商ルール複雑化
  FTA、追加関税、等

経済
- 顧客ニーズ多様化
- 異業種の参入
  GAFA、中国BAT、等

社会
- 都市渋滞／事故"増"
- 環境意識の高まり (EX)
- マルチモーダル社会の
  進展 (MX)

技術
- デジタル技術の
  急速な進化 (DX)
- サイバーセキュリティー
  リスクの高まり

ビジネスの変化

製品／機能要件多様化
- ✔CASE対応
- ✔サイバーセキュリティー対応
- ✔CO_2排出量規制への対応など

戦線の拡大

開発領域の拡大

展開地域／国の拡大

OEMが抱える課題

①製造原価（コスト）
上昇

②開発工数の不足、
開発コスト"増"

③不採算領域の拡大
（車種、地域、拠点等）

さらに追い打ちをかけるCOVID-19

出所：各種公開情報を基にデロイト トーマツ作成

影響を及ぼすことが想定される。

この影響により消費者心理が冷え込む中、耐久消費財である
クルマは特にその傾向が大きく、直近の予測では、2020年に
おける世界自動車販売／生産台数は2019年比の2割減と見込
まれ、各社の決算発表も前年度比を大きく割り込む結果となっ
た。さらに、COVID-19の影響がいまだ測りきれず、トヨタ自
動車を除き、多くの企業で決算発表時においても2021年度の
見通しが発表できずにいる。

地域戦線の拡大、CASE対応による技術戦線の拡大に加え、

2009年リーマン・ショック以上の影響を及ぼすとされるCOVID-19。このままでは、中長期にわたり赤字となる自動車メーカーが続出し、自動車業界全体が壊滅的危機に突入する恐れがある。

収益改善に向けた処方箋

　先述のような極めて厳しい事業環境下において、まさに自動車メーカーが"生き残る"ためには、既存事業の構造改革（車両や部品の生産／販売ビジネスの収益性改善）以外に活路はない。新たに創出されつつあるモビリティーサービス等の新規事業は、目先の利益が小さい、または投資規模が大きい等の理由で赤字／低収益化、さらに、COVID-19によるヒトの移動の制限により甚大な影響を受け、事業として不確実性がさらに増しているのが実情である。

　このような状況を打破するために、既存事業の構造改革として、前述の①不採算事業の拡大、②製造原価（コスト）の上昇、③開発工数不足、の3つの課題に対する、短期、中長期に取り組むべき5つの打ち手を提案したい（図3）。

不採算事業の圧縮
(1) "選択と集中"の加速、(2) 改善に留まらない抜本的コスト削減
　CASE領域の投資競争の水面下で、特に欧米系自動車メーカーは事業の"選択と集中"（販売国からの撤退、ラインアッ

図3 自動車メーカーが抱える課題への処方箋

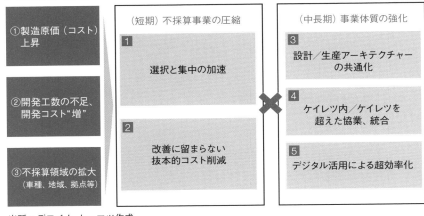

出所：デロイト トーマツ作成

プ統廃合、工場閉鎖等）や大幅なリストラ、再配置（人員削減、配置転換、生産分業、アロケーション集約、間接機能の共通化、アウトソーシング等）まで踏み込み、既存事業の抜本的な体質改革を推進することで、原資の創出に動いている。

　例えば、General Motorsでは、北米で5車種を廃止したことに加えて、組み立て工場の閉鎖や大規模リストラを断行、さらにOpelブランドの売却など欧州事業からの撤退や、稼働率80％以上を目指し生産拠点の再編を行っている。また、米Ford Motorでは、北米でのセダンの廃止、収益性が高いSUV（多目的スポーツ車）へのフォーカス、日本やインドネシア事業からの撤退、ロシア合弁事業の縮小、欧州を中心とした大規模リストラ等、各地域で事業のスリム化に取り組んでいる。

Volkswagenは、ブランドの集約、プラットフォームの削減、大規模な組織再編を行っている。

　日系自動車メーカーも同様の取り組みを進めてはいるものの、上記のような規模には及んでいないのが欧米系メーカーとは大きく異なる点である。電動化やコネクテッド化による搭載部品の増加や開発費の増加が続き、製造原価（コスト）が上昇する中、不採算事業を残したまま後述の施策を行ったとしても十分な効果は得られない。従来の改善の積み上げの延長ではこの難局を乗り越えることは難しい。改めて、事業、車種、地域別に収益構造の分析を行い、必要な拠点やリソースを見定めた上で、聖域なき抜本的なコスト削減策を導出し、実行していくことが求められる（図4）。痛みを伴い、容易ではない判断が一層必要となるが、COVID-19の影響も重なり、待ったなしの状況にある。COVID-19は判断を先送りにしていた改革を実行に移す、または加速させる機会と捉える視点が重要だ。

事業体質の強化

（3）設計／生産アーキテクチャーの共通化

　ハードウエア（操作系部品）とソフトウエア（電子制御ユニット：ECU）のそれぞれで必要な取り組みを示したい。

①ハードウエア

　既に進展してはいるものの、開発する車種をできるだけ少ない組み合わせ、部品点数にまとめる、「一括企画／開発」や

図4 コスト構造の分析と打ち手

収益ドライバー			論点	打ち手（例）	
				短期	中長期
売上高			■台数／売価計画及びラインアップ／派生数は適正か？	台数／売価の収益最適化	
製造原価	直材費	変	■他社対比でコスト競争力はあるか？ ■劣後する部材とその要因は？	原価企画／査定能力向上	部品共通化率向上（一括企画／開発）
	生産固定費	固	■コスト競争力観点で設備／人材の構え方は適正か？	生産拠点／能力の見直し	商品ラインアップ／派生の削減
販管費	研究開発費	固	■他社対比での研究開発効率と劣後する場合の要因は？	研究／開発効率の向上	
	間接費	固	■事業規模に比して、間接費は適正レベルか？	間接費の削減	人員の最適化
	販売費	固	■他社対比での費用対効果は適正か？	広告／宣伝費等の見直し	

出所：デロイト トーマツ作成

「プラットフォーム化」の一層の拡大が求められる。「一括企画／開発」により、必要となる開発／検証工数や部品生産に要する投資を削減し、量産効果を徹底的に追求していくことができる。日系自動車メーカーは欧米系メーカーと比較し共通化の比率がまだ低く、共通化によるコスト削減、効率化の余地はあるだろう。

　以前自動車メーカーで一括企画を担当していた識者によると、クリティカルな設計上の要素を洗い出して共通化（＝プラットフォーム化）することで、理論上は1番手車種を100とした場合の開発工数を、2番手以降では20程度まで落とせるという。ただし、アッパーボディーや内装を中心とした商品の魅力につながる部分は独自性を維持すること、およびフレキシビリティーは「小は大を兼ねる」形で徐々に改善していくことが

肝要となる。他に「一括企画／開発」のポイントとして以下が挙げられる。

・トップダウンで判断、決定する諮問機関や仲裁機関の設置
・技術的な観点だけでなく、戦略的な観点を取り入れた判断
・ルールが定まるまでは個別部品の開発ができないよう開発プロセスを見直す
・生技性（つくり方）要件を早い段階から織り込む　など

　車両開発は様々な部門が関与しているが、部門間のすり合わせではなく、横断した組織／プロセスをいかに構築できるかが重要だろう。

②ソフトウエア
　現在のクルマは、ハードウエアとソフトウエアが複雑に連携し制御を行うことで「走る、曲がる、止まる」の基本性能を実現している。これにCASE領域の部品や技術が組み込まれることで更に複雑化し、ECUの心臓部であるソフトウエア量は爆発的に拡大していくことになる。
　例えば、In-Car領域では、ADASやADが進展すると、これまでの制御に加えてカメラやセンサーでの環境情報検知や演算、制御を行う必要がある。また、Out-Car領域では、AIアシスタント等の各種コネクテッド機能や無線経由のOTA（Over The Air）アップデート、V2Xや3Dマップの都度更新等に対

応しなければならない。さらには車両のハッキングなどの安全／安心への新たな脅威、サイバーセキュリティーリスクへの対応も求められる。

　このような状況で、ハードウエアやソフトウエアの結合度が極めて高い従来のアーキテクチャーでは、一部を更新する際に互換性を逐一検証する必要があり、維持管理に膨大な工数が必要となるため、アプリ、ミドルウエア、ハードウエアのレイヤー構成に移行しなければならなくなることは明白である。特に欧州系自動車メーカーを中心に、開発費の多くを占める工数と試作数の削減を目指し、従来の個別最適／改善の積み重ねから脱却しようとしている。具体的には全車共通基盤のミドルウエア導入により接続性を担保しつつ、組み合わせ数を削減、デジタル上での早期検証を実現しようとしている。Volkswagenが開発する「vw.OS」がその代表例だ。

　また、CASE領域の技術はこれまでの車両開発と異なる時間軸で進化が進むため、タイムリーに取り込んでいくには、個別モジュールでロードマップを定めて進化させ、都度商品ラインアップのマスタープランに反映させなければならない。そのためには、企画／開発とも特性に合わせて決定していくプロセスを整備することが必要になる。

(4) ケイレツ内／ケイレツを超えた協業、統合
　戦線が拡大していく中で、地域×商品ラインアップの設計、開発、購買、生産、物流、販売、アフターを全て抱えるには限

界がある。自社内の変革もさることながら、今後は一層ケイレ
ツ内やケイレツを超えた協業、再編、統合を推し進めていかな
ければならない。

　一部の欧米系自動車メーカーが不採算領域を切り離し、より
投資拡大が必要な事業に協調して取り組んでいる中、日系自動
車メーカーが競争力を維持するには、不採算領域の見切りと弱
みを補完すべく自動車メーカー同士のアライアンスを促進すべ
きである（ただし、必要投資を怠りコスト削減のみに走ると、
逆に収益悪化を招く可能性がある）。技術領域×バリューチェー
ンごとに自社の強み／弱みを踏まえ、収益性と商品性の両面に
おいてどこで競争／協調するのかを見極めていくことが重要
だ。食品業界では「競争は商品で、物流は共同で」をスローガ
ンに、同業界大手6社（味の素、ハウス食品グループ本社、日
清フーズ、ミツカン、日清オイリオグループ、カゴメ）が手を
組み、共同出資で在庫物流拠点およびその運用を行う合弁会社
「F-LINE」を設立し、配送の効率化を図っている。自動車メー
カー、自動車部品サプライヤーにおいても若干の動きが見えるも
のの、依然として非競争領域のバリューチェーン、バックオフィ
ス機能は自社グループ企業で運用しており、ケイレツ内やケイレ
ツを超えての共通化の余地は多くあるといえよう。自動車メー
カー同士のアライアンス、合従連衡の中で、非競争領域である
機能の共通化を積極的に推進し、従来自社単独では実現しえな
かった、効率化、リーン化を図っていくことが重要である。

　大規模メーカーは、更なる規模拡大を狙い、積極的に中小規

模メーカーを組み入れて、規模の経済を武器にコスト低減を行い、全方位的な事業／技術への再投資を推進する。中規模メーカーは、競争／協業領域を見極めた上で分業もしくは連合化するか、大規模メーカー傘下に入る。収益性、投資ともに中規模に留まり全方位で戦うのか、特定領域に絞るのか、で戦い方は異なる。小規模メーカーは高収益を確立できない場合は大規模メーカーの傘下に入り、その基盤を活用する。ニッチ市場で高収益を確立し、特定の事業／技術領域に特化して再投資を推進する。

　全体最適を目指し競争／協調領域を見極め、個社ではなく"連合体"として共生していくことを一層議論していく必要があろう。

(5) デジタル活用による超効率化

　あらゆるモノがネットワークを通じて接続されることにより、得られるデータの量と活用の幅が指数関数的に増大し、様々なデジタル技術が勃興、発展してきている。自動車業界を含む製造業ではデジタル技術を顧客や製品、バリューチェーン上でいかに活用するか、つまりDXを成し遂げるか、が問われており、将来的に競争優位性を担保するためのカギとして様々な取り組みが進展しつつある。業務効率化やコスト削減を実現する上でのDXの本質は、現実世界で収集した各種データを、デジタル技術を用いて強化または評価し仮想空間上で構築（シミュレーション）した上で、結果としての近未来予測（インサ

イト）をフィードバックし、現実世界における業務を高度に効率化し、コスト削減につなげる点にある。いくつか代表的な例を挙げる。

設計／開発

　3次元形状や物理式をモデル化したデータを基にバーチャル環境上で、設計品質を高めていく手法「バーチャルエンジニアリング」が挙げられる。自動車開発のV字フローモデルにおける設計／開発工程において、現物の代わりとなる車両のバーチャルモデルと車両が走行する環境を再現するシーンモデルの掛け合わせによって、本来現物となる試作車を用いて、自動車開発の下流工程で行う検証を設計段階で繰り返し、早く何度も実施することを可能としている。自動車メーカーは求める車両の仕様に加えて、その"振る舞い"をデータとして自動車部品メーカーに提供することが可能となり、自動車部品メーカーはモジュール単体ではなく完成車全体の振る舞いの見地からモジュール機能設計が行え、自動車メーカーへの仕様提案も可能となる。このように従来では考えられない開発生産性と、技術や品質の向上を両立できる。バーチャルエンジニアリングは欧州を中心に2010年より急速に進んでおり、製品の販売許可を得るために必要な型式認証についても、実車による検証結果だけではなく、バーチャルテスト認証によっても可能になりつつある（図5）。

　COVID-19をきっかけにリモートワーク化が求められる世の

図5 欧州で進展するバーチャルテスト認証

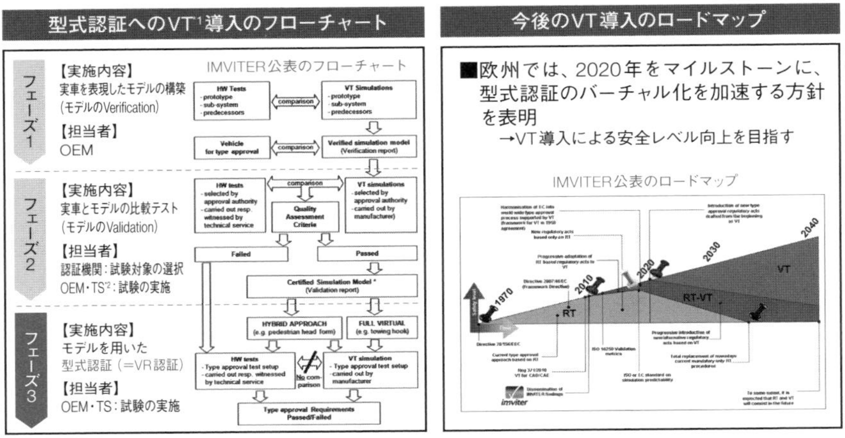

| 型式認証へのVT*1導入のフローチャート | 今後のVT導入のロードマップ |

*1：VT＝Virtual testing、*2：Technical Service

出所：「Virtual Testing based Type Approval Procedures for the Assessment of Pedestrian Protection developed within the EU-Project IMVITER」（Andre Eggers, et al.、2013）

中になった一方で、設計／開発はひざ詰めによるすり合わせ文化が主流である日本では、設計／開発者は出社を余儀なくされている。開発スケジュールや課題、予算、設計に付帯する成果物は、開発者、試作品を製造する担当者、それを管理する管理者などのPCのローカル環境、あるいはファイルサーバーにて個別に管理されているのが現状である。他方、欧米系自動車メーカーや自動車部品メーカーでは、プロダクト・ライフサイクル・マネジメント（PLM）やプロダクト・ポートフォリオ・マネジメント（PPM）といった、デジタルプラットフォームの導入が進んでおり、開発プロジェクトデータの一元管理や可視化による設計／開発プロセスの最適化、社内の関連部門、サ

プライヤー、さらには外部ステークホルダーとのコラボレーションが進んでいる。日本企業においても設計／開発領域におけるデジタルプラットフォーム導入を進め、効率化を図ると共に、強みであるモノづくりを一層確固たるものにしていくことが重要だ（図6）。

製造

　欧州系自動車メーカーではファクトリーオートメーション（FA）が進んでいる。Volkswagenでは2020年末までにサプラ

図6 車両開発におけるカスタマーデータ活用社内外コラボレーション

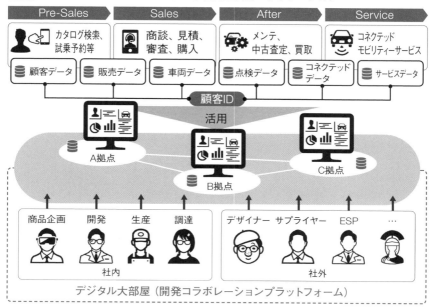

出所：デロイト トーマツ作成

イチェーンを含めた生産工程全体を接続するクラウド環境を構築し、自社の生産工場122拠点を1500社の自動車部品メーカーと接続し、データ分析等による製造工程の最適化と業務プロセスの効率化を図り、2025年には生産性を従来比30％向上することを掲げている。Daimlerも2020年稼働予定の次世代スマートファクトリー「Factory 56」を建設中であり、製造工程を自動化するロボットなどのハードウエアだけでなく、工場内の機械や道具をWi-Fiや5Gでネットワーク化し、AIやビッグデータ分析による予測型のメンテナンス／プロセス最適化によって生産計画や品質保証における高い効率性を追求しようとしている。ネットワークは工場内に限らず、設計／開発から自動車部品メーカー、さらには顧客に至るまでをつなぎ、データが瞬時にフィードバックされることによる効率化に加え、カスタマーエクスペリエンスの向上も狙っている。

需給／在庫管理

　これまで、需要予測はカーディーラー、自動車ディストリビューター、自動車メーカーのバケツリレーで行われてきたデータの連携と、ヒトの経験と勘によって行われてきた。国／地域における顧客データ、POSデータ、さらにはコネクテッドカーより取得可能となる車両の利用データなどのビッグデータを獲得できれば、アナリティクス／AI技術を応用し、外部の市況環境などの予想因子との掛け合わせにより予測を自動化できると同時に、予測精度の向上を実現することが可能とな

る。新興国市場においては、現地で経験のある需給担当者の採用や育成に苦慮している話をよく聞くが、AIによる需要予測により、担当者に求めるスキルレベルの軽減や予測結果の検証も可能となる。

　COVID-19収束後の需要の立ち上がりを予測することが今後重要となってくる。しかし、国／地域の感染者数の状況や、都市封鎖等の移動制限の有無、消費者心理や懐事情、政府による支援策の有無等、状況がそれぞれ異なり、全世界で類のない事象の予測は困難であるといえよう。このような中で、需要の予測因子を特定し、そのデータをもとにアナリティクス／AIを用いた予測モデルを構築できれば、ヒトの勘ではなくデータに基づくアフターコロナにおける需要の立ち上がりを予測でき、売り逃しまたは、在庫過多を抑制できる。

販売／アフターサービス

　総務省「令和元年情報通信白書」によると、日本国内におけるスマートフォン普及率は約80％となっており、今やスマートフォンは日常生活の必需品であり、身の回りの生活サービスはスマートフォンを通じて受けることが当たり前になりつつある。スマートフォンにて必要な情報を検索、アクセスし、受けたいサービスを行きたい日時に予約、そして事前に決済まで行い、あとは現地に行けば事前情報を把握した担当者が対応してくれる。このように、いつでも、どこでも、簡単、便利、シームレスが当たり前の世の中になっている。さらにCOVID-19により

消費者は非接触型の購買／サービスを希望するマインドになっており、COVID-19で需要が大幅に冷え込む中、EC市場は拡大の一途にある。自動車業界も同様にこの加速する"顧客のデジタルシフト"に対応していかなければならない。試乗などフィジカルな対応が前提となるものを除き、これまでカーディーラー拠点での商談、契約、決済を基本としていた一連の購買プロセス全てをデジタル上で完結できるようにリ・デザインしなければならない時代になったといっても過言ではない（図7）。

例えば、新車購買時のリース、ローン、保険等の契約手続き

図7 アフターコロナの購買／サービスイメージ

COVID-19により消費者マインド／行動が変容、デジタルシフトが加速する。デジタルを基軸とした非接触型の販売／サービスを求めるようになる。

出所：デロイト トーマツ作成

もオンライン化することにより、煩雑な事務手続きを自動化し、同時に煩わしい書類を電子的に簡単に処理できれば、カスタマーエクスペリエンスも向上できる。アフターサービスにおいても、コネクテッドデータを活用して、個々の顧客の車両利用状況とカーディーラー拠点の作業ピットの稼働状況を掛け合わせて最適化したメンテナンス案内ができる。自動車の購買／サービスプロセスのデジタル化はアフターコロナの世界で顧客が求める体験を提供するとともに、一連の販売業務の効率化を実現するのだ。

　COVID-19は顧客のデジタルシフトに限らず、従来対面型を基本としてきた法人営業スタイルも大きく変容させるきっかけとなっている。これまで儀礼のように対面型が常識であった価値観は変わり、非対面が基本となった。法人営業の場でもウェブ会議ツールを活用した打ち合わせが定着しつつあり、顧客との商談の場においても活用されている。COVID-19により、時間と交通費をかけて顧客先に訪問せずとも、コミュニケーションが図れるメリットを気づかされたと言えよう。一方で、非対面であるがゆえに、顧客との関係の希薄化、現物現場で顧客の状況が把握できない、営業担当者の状況が見えずマネジメントがしづらいなどの不都合な部分もあるだろう。アフターコロナの世界においては全てを画一的に非接触型にするのではなく、顧客×営業シーン別に対面と非対面を使い分けるハイブリッド型営業を導入していくのが良いだろう。例えば、大口顧客、注力顧客との大事な商談の際は対面形式で、通常の情報交換や発注

の伺いなどは、電話またはウェブ会議形式にてリモートにて実施する。また、マネジメントの視点では、営業支援ツールを活用することで営業プロセスを可視化、そのデータをもとに、ツール上で上長や他のセールス、ミドルバックオフィスの担当者との円滑なコミュニケーションも可能となる。これまで営業拠点に縛られていた営業担当者をロケーションフリー化することもでき、移動時間の短縮化や交通費の抑制、さらには、営業拠点そのものを見直して固定費削減につなげることも可能になる。

IT基盤のモダナイゼーション

　バリューチェーン業務を支えるシステムの多くは、ホストコンピューティング時代から移行されてきた、いわゆるレガシー型のシステムである。自社またはITベンダーのデータセンターにて、専用ハードウエア、ネットワークを構築し、パッケージソフト上に手組みで開発した多くのアドオンプログラムで運用され、ちょっとした改修であっても多額の改修費用が請求され、また運用にも年間で巨額の費用を支払っている。CASE対応による車両のソフトウエア化、顧客のデジタルシフトへの対応、デジタルデータを活用した新規事業の創造など、この数年で「攻め」のためのデジタル投資額は増加の一途にある。その一方で、社内の情報システム部門において、既存システムの全容を把握しきれておらず、システムベンダーに依存した運用となりブラックボックスであるがゆえ、「守り」のためのITコストは毎年据え置きとなり、コスト削減のメスがなかなか入りづ

らい聖域となっているのではないだろうか。言い換えれば、既存IT領域のコスト削減余地は大きいと言え、これを機に現状のIT資産を棚卸しし、将来のエンタープライズシステムの在り方を構想し、さらにリーンで柔軟性のある現代的なシステムアーキテクチャーへの段階的な移行、すなわち「レガシーシステムのモダナイゼーション」を検討すべきだろう（図8）。

例えば、自社のデータセンターでシステムを保有する必要はなく、ストレージ当たりの単価が比較的安価なクラウドへの移行を検討する。クラウドの採用はセキュリティーリスクを伴うという旧態依然とした考えも刷新しなければならない。自社運用でのセキュリティー対策の投資額と、クラウドサービスを提供する企業のセキュリティー対策の投資額を比べると一目瞭然であり、最もセキュリティーの信頼性が求められる銀行の勘定

図8 モダナイズドシステム実現に向けたアプローチ

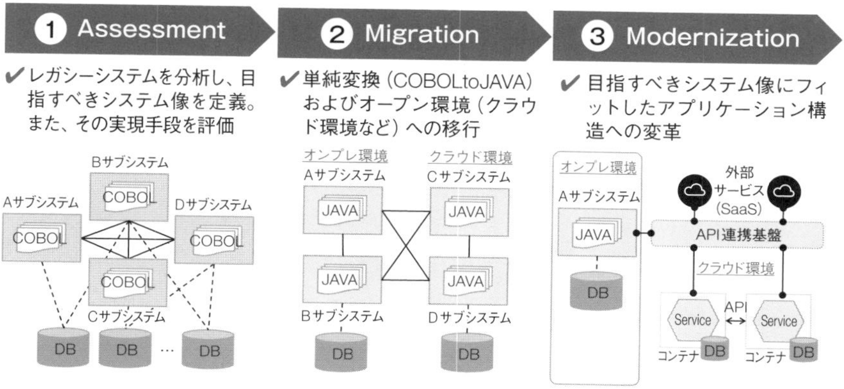

1 Assessment
✔レガシーシステムを分析し、目指すべきシステム像を定義。また、その実現手段を評価
Bサブシステム
Aサブシステム
Dサブシステム
COBOL
Cサブシステム
DB
2 Migration
✔単純変換（COBOLtoJAVA）およびオープン環境（クラウド環境など）への移行
オンプレ環境
クラウド環境
Aサブシステム
Cサブシステム
JAVA
Bサブシステム
Dサブシステム
DB
3 Modernization
✔目指すべきシステム像にフィットしたアプリケーション構造への変革
オンプレ環境
Aサブシステム
JAVA
DB
外部サービス（SaaS）
API連携基盤
クラウド環境
Service
API
コンテナ

出所：デロイト トーマツ作成

系システムをもクラウドへ移行する時代である。また、業務アプリケーションも柔軟性の高いSaaS型サービスが多く登場している。Oneプラットフォーム、Oneデータベースではなく、これらサービスを組み合わせるマルチクラウド型を採用することにより、迅速にユーザーが求める機能を実現することが可能となるのである。聖域にメスを入れ、現代的な思想で自社のシステムをリ・デザインして、リーンで柔軟性があるシステムを構築していくべきである。

上述のようにバリューチェーンの上流から下流までデジタル技術を活用してデータを連携させることにより、従来ヒトに依存していた業務を機械化、自動化でき、超効率化、高度化を実現できる（図9）。

今日、デジタルなくしてこの競争環境を生き抜くことは不可能といっても過言ではない。日々、様々なデジタルソリューションが生まれ、進化している。表面的な情報に踊らされ、新しい"道具"をただ"取り入れる"のではなく、テクノロジーの可能性と本質を正しく理解し、いかに自身の実務に生かすかを落とし込み、それをしっかり使いこなさなければ成果は生まれない。テクノロジーに対するリテラシーをいかに高めていくかが競争力に直結することを改めて認識し、企業内にいる全ての人が意識を高め、取り組まなければならない重要テーマなのである。

既存事業の構造改革は企業文化や従前のプロセスに抵触するものになり、時として痛みを伴い、実行にあたっては以下のよ

図9 バリューチェーン別DX事例

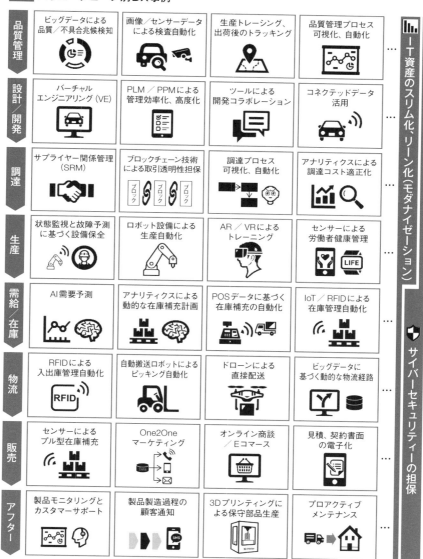

品質管理	ビッグデータによる品質／不具合予兆検知	画像／センサーデータによる検査自動化	生産トレーシング、出荷後のトラッキング	品質管理プロセス可視化、自動化	…
設計／開発	バーチャルエンジニアリング（VE）	PLM／PPMによる管理効率化、高度化	ツールによる開発コラボレーション	コネクテッドデータ活用	…
調達	サプライヤー関係管理（SRM）	ブロックチェーン技術による取引透明性担保	調達プロセス可視化、自動化	アナリティクスによる調達コスト適正化	…
生産	状態監視と故障予測に基づく設備保全	ロボット設備による生産自動化	AR／VRによるトレーニング	センサーによる労働者健康管理	…
需給／在庫	AI需要予測	アナリティクスによる動的な在庫補充計画	POSデータに基づく在庫補充の自動化	IoT／RFIDによる在庫管理自動化	…
物流	RFIDによる入出庫管理自動化	自動搬送ロボットによるピッキング自動化	ドローンによる直接配送	ビッグデータに基づく動的な物流経路	…
販売	センサーによるプル型在庫補充	One2Oneマーケティング	オンライン商談／Eコマース	見積、契約書面の電子化	…
アフター	製品モニタリングとカスタマーサポート	製品製造過程の顧客通知	3Dプリンティングによる保守部品生産	プロアクティブメンテナンス	…

IT資産のスリム化・リーン化（モダナイゼーション）

サイバーセキュリティーの担保

出所：デロイト トーマツ作成

うな阻害要因（"壁"）が発生することが多い。抜本的な収益改善を成し遂げるには、これまでの企業文化やプロセスに抵触しても、経営層や各部門責任者が全社一丸となって成し遂げる姿勢や意思を見せ続けることが最も重要である。現場に任せきりにすると、前述の様々な"壁"が立ちはだかり、企画倒れになったり、成果を刈り取ることが困難になったりしかねない。また、評価者として待ちの姿勢をとってしまうと、個別に取り組んだ結果、進捗状況が把握できず施策が実行に移せない、またはうやむやになってしまうこともある。経営層や各部門責任者自身がリーダーシップを取らないことが弊害になり得ることを強調しておきたい。

①組織／プロセスの"壁"

・個別最適に陥り、他部門／機能との協調が進まない
・これまでの仕事のやり方やプロセスに当てはまらず、実行に移せない、融合が進まない（従来のやり方に固執、またはそれが一番いい方法だとみなし、変革を拒否する）

②技術の"壁"

・データがない、またはすぐに活用できる管理状況にない
・様々な過去の仕組みが入り組んでおり容易に捨てられない、将来に向けた刷新の計画（ロードマップ）が存在しない

③リソースの"壁"

・計画を立案したものの、実行するにあたり必要なケイパビリティーを持った人材が足りない、存在しない
・都度必要な資金が捻出できない

④リーダーシップの"壁"

・現場に任せきりにし、評価者として待ちの姿勢をとってしまう
・進捗状況が把握できず、施策が実行に移らない、またはうやむやになってしまう

　このような"壁"を打破し改革を成し遂げるには、組織／プロセス、技術、リソース（特に人材）に対する取り組みをセットで行うことが重要だろう。

①組織／プロセス（リーダーシップを含む）

・計画段階で経営層、各部門責任者を巻き込み、立案内容にコミットしてもらう
・推進リーダーを経営層から1人必ず立て、部門横断の専任組織を経営層直下に配置する
・関連する業務プロセスを事前に洗い出し、取り組みに合わせて刷新する
・達成したい姿や目標（KGI、KPI）を明確化し、従業員と合意を取り付ける
・新プロセス下での行動指針を定め、評価制度と連動させる

②技術

・既存保有技術や資産の棚卸しを行い、減らす／やめるものを先に決める

・足りないものは積極的に外部を活用する

③リソース

・社内リソースや外部リソースの見立てと調整をあらかじめ実施する

・各部門で将来を担う人材を抜てきし、部門内の責任を委譲する

　目指す姿と取り組みの全体像を明らかにしながら構造改革を推進していくことが肝要である。改革なくして、未来への道は描けない。今の事業環境から、必要な改革を見いだし、着実な実行を推進していただきたい。

　第4章では、人々の生活基盤を支える自動車メーカーとして、今、取り組まなければならない2つの課題「サーキュラーエコノミー」と「サイバーセキュリティー」について思索したい。

第 4 章

欧州がもくろむ
ゲームチェンジとしての
サーキュラーエコノミー

04

　自動車は耐久消費財の王様だ。2トンもの金属の塊が毎年9000万台以上新たに生産されている。同時にそれは資源の大量消費をもたらすものでもある。日本では、近年の異常気象もあり、地球温暖化とその原因とされるCO_2排出削減に対する報道が多いが、資源枯渇もそれと並ぶ大きな環境問題の一つであり、WWF（世界自然保護基金）が、2030年には地球2個相当の資源量がないと人々の生活を維持できないと警鐘を鳴らすほどだ。国立研究開発法人物質・材料研究機構（NIMS）の試算では、身近な金属資源ですら枯渇の懸念があることが明らかとなった。2050年には鉄や白金などは現有埋蔵量を、銅やニッケルに至っては埋蔵量ベース[注]ですら超過するという。

注）技術的には採掘可能だが、経済合理性などから採掘されない量。

サーキュラーエコノミー（CE）とは

サーキュラーエコノミー（Circular Economy：CE）とは、資源の大量消費／廃棄を前提とした従来の直線的なビジネスを改め、資源をなるべく"使い倒し"て再循環させ、資源消費と経済成長を分離（デカップリング）し、両立を目指すものである（図1）。

具体的には、モノの「使い方」「作り方」双方に変革をもたらす。

モノの「使い方」の変革が目指すものは、製品の短命／低稼働によるムダを解消することであり、製品の価値を最大限使い

図1 サーキュラーエコノミーとは

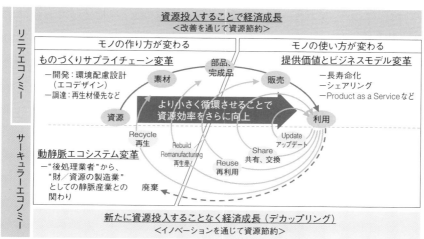

出所：デロイト トーマツ作成

きることを志向することだ。具体的には、中古車に代表される「再販、再利用」、製品寿命を長期化させる「メンテナンス、アップデート」、製品を共有利用する「シェアリング」、製品が提供した価値単位で対価を払う「PaaS（Product as a Services、サービスとしての製品）」（つまり、モノは提供側がメンテして繰り返し使う）がある。CASEトレンドに紐づき、新たなモビリティービジネスの姿として華やかな印象だ。

　他方、モノの「作り方」を変えることは、資源効率性を考慮した設計思想の変革（エコデザイン設計）と、使用済み部品のリマニュファクチャリング（再生産）や廃棄物を再処理した再生材（2次資源）の調達という部品／原材料の変革を指す。

　エコデザインの概念には、解体のしやすさなどリサイクル性を高める要件だけでなく、長寿命化を促す要件（耐久性や修理の容易性、アップデート性）が含まれる。これまでクルマのエコデザインと言えば解体のし易さが重視され、日本企業は高い設計ノウハウを有しているが、CEを提唱する欧州では後者が強調されている点に注意が必要だ。リマニュファクチャリングや再生材調達については、再生材利用を踏まえた材料評価、設計仕様の見直しも生じるだろうし、何よりこれまで使用済み製品の後処理工程だった静脈産業が資源サプライヤーとなるサプライチェーンの見直しが必要となる。

　このように、CEには日本企業が以前から取り組む「3R（Reduce, Reuse, Recycle）」の延長に留まらない動きが求められてくる。さらに踏み込むと、そこに欧州の深謀遠慮が見え隠

れするのである。

　本章では、一見地味なモノの「作り方」に焦点を当て、まず
は欧州のCE戦略を概説し、自動車業界への影響を整理する。

欧州が目指すゲームチェンジ

　先述の通り、CEとは経済成長と資源の両立を前提とした経
済モデルであり、従来とは異なる新しい価値観に基づくものと
みなすことができる。欧州はこの新しい経済モデル、経済競争
の土俵を作ることにより、競争力の確保を狙っているのである
（図2）。資源消費経済においては、資源調達や生産コストが安
価な新興国に分がある。そこで、欧州は強い静脈産業をてこに
競争優位を築こうとしている。CEが経済政策であり雇用政策

図2 サーキュラーエコノミーの典型的な考え方（例）

		リニアエコノミー		サーキュラーエコノミー
経済成長と資源利用の関係		連動（リニア）	⇔	分離（デカップリング）
成果指標		GDP	⇔	GDP／資源投入量
資源循環の意味合い	国家	公衆衛生向上、環境負荷低減	⇔	資源確保、国家競争力向上
	企業	規制、CSR対応	⇔	競争力強化の合理的手段
素材、原料		1次資源優先	⇔	2次資源（再生材）優先
製品コスト		製造コスト	⇔	ライフサイクルコスト
製品ライフサイクル		短期化、売り切り	⇔	長期化、サービス化
⋮		⋮		⋮

出所：デロイト トーマツ作成

として推進される理由はここにある。

　欧州の強みはどこにあるのだろうか。欧州は「廃棄物は価値あるもの」と定義し、経済活動においてインセンティブが働く仕組み（＝産業基盤）を考えた。埋め立てや焼却など循環性の乏しい処分方法に規制をかけて"出口をふさぎ"、廃棄物と再資源との境界を定めるなど"廃棄物取引のルールを策定"し、新規参入や市町村をまたいだ事業活動を容易にして、"市場原理"に基づいて資源循環を促進する仕組みを構築した。これにより、民間主導のイノベーションが進み、静脈産業にフランスSuez、同Veoliaやドイツ Remondis といった大企業が誕生したのである。

　一般家庭からの資源ごみ回収を例にとると日本との差が分かりやすいだろう。欧州は民間業者が自治体横断で資源ごみをセンターに回収する。その際、回収量の増大を優先し、発生源の市民は分別をしない。その代わり、センターにて集めた大量の混合ごみを重量、磁性、3D画像認識を駆使した光学選別機など最新テクノロジーにて一気に分別している。技術革新と回収量増加が更なる事業発展へとつながるのである。日本は、自治体主導のもと市民の分別協力により高いリサイクル率を誇ってきたものの、これ以上の分別の効率化は難しい。また、この方法は日本の実直な国民性だからこそ実現し得た仕組みであり、他国展開は容易ではないだろう。

　日本は3R先進国であり、自治体や市民の環境意識の高さは誇るべき美徳なのだが、環境保全と経済競争力との掛け合わせ

で捉えると、その見方が変わる。また、欧州静脈大企業には、Ph.D.（博士号）保有人材が多数在籍し、開発や生産における技術革新を支えている。ややもすると静脈産業が"3K"と捉えられ、人材が集まらない日本との差は大きい（図3）。

静脈産業をてことしたCEエコシステム

当面は、従来通り1次資源を利用し消費するビジネスが経済合理性は高い。しかし、1次資源は資源枯渇の懸念と新興国消費の増加により、確実にコスト高となっていく。他方、再生資源はテクノロジーの進化や事業規模の拡大により価格が低下し、合理性は逆転するかもしれない。WBCSD（World Business

図3 欧州と日本の静脈産業の違い

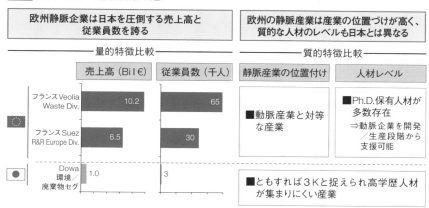

出所：デロイト トーマツ作成

Council for Sustainable Development）の「Vision 2050」では、2050年に循環型経済が到来することを予見している。

　これを受け、欧州は静脈産業が触媒としてエコシステムを形成し、欧州ならではの競争戦略の構築を試みている。まず、政府主導でCEを推進する規制導入が始まっている。例えば、複数の国で公共調達の条件に再生材の使用率を設定する動きがある。フランスでは包装材が再生プラスチックでないと、売価の最大10％が罰金として課せられる。

　資源消費量も産業規模も大きい自動車業界にもこうした動きが波及するのは自明であろう。例えば、公用車の政府調達要件に再生材使用率を加味すること、さらにその再生材の生産工場に認証制度を導入し、調達時の関税や付加価値税などの優遇条件にすることなどが考えられる。さらに、2018年にフランスの認証機関AFNORの提案により、ISO（国際標準化機構）の標準化委員会でCE標準マネジメントシステムの確立を目指す専門委員会「ISO／TC323」が立ち上がった。欧州、特にフランスの国内規格を参考に形作られていくことが想定される。同委員会のチェアマンであるCatherine Chevauche氏は、2021年には最初の標準の制定を検討しており、日系企業にとっても対岸の火事ではないのである。

　欧州が今後自動車のCEエコシステムを形成していく上で鍵となる部品の1つがEVの電池である。欧州では先のディーゼルゲート問題以降、自動車メーカー各社が内燃機関からEVへのシフトを鮮明にしているが、基幹部品である電池はアジア勢

（中国、韓国）の部品メーカーに頼ってきた。その結果、欧州で走っているEVの電池も中古になると本国に戻ってリユース、リサイクルされ、欧州内完結のCEエコシステムを作れずにいたのである。

　この状況に官民連合で対応しようとしている。2017年にEBA（欧州バッテリー同盟）を結成し、欧州メーカーによる欧州内での電池生産の推進を行った。この取り組みには自動車メーカーを含めて250社以上が参画しており、同じく多くの欧州企業及び政府が協業する形で設立された航空機製造会社になぞらえて、「バッテリー版エアバス計画」とも言われている。実際にその中から、スウェーデンNorthvoltによるスウェーデンでの電池製造、フランスSaft Groupeや同Groupe PSAによるドイツやフランスでの電池製造、Volkeswagenによるドイツでの電池製造など、様々な現地生産プロジェクトの計画が出てきている。政府（欧州委員会）もこの動きに同調する形で、電池の欧州域内生産プロジェクトに対する資金援助や"カーボンフットプリント"と呼ばれる規制の枠組みの検討を明らかにしている。カーボンフットプリントとは、その製品を製造／輸送する過程で発生したCO_2量を計測、合算していく考え方で、これをEV電池のルール形成に用いることで、再生可能エネルギー比率の低いアジア、とりわけ石炭火力発電が依然として主力の中国産電池を欧州市場から締め出そうという意図が垣間見える。2020年3月11日、欧州委員会で採択された「Circular Economy Action Plan（循環型経済行動計画）」においても、

EV電池はキープロダクトの1つとして位置付けられ、カーボンフットプリントが電池の持続可能で透明性の高い要求事項の例の1つとして明記されている。

欧州自動車産業での静脈ビジネス

　欧州CE戦略に準じた自動車業界の動向に目を向けよう。政府が市場ルールを作る中、民間では動脈企業と静脈企業との連携や、静脈側の活動が着々と進んでいる。

　その最たる例がフランスRenaultだ。静脈産業大手のSuezと提携し、同社が業界横断で回収したプラスチックや都市鉱脈から得られる非鉄金属、触媒、スチールスクラップなどを調達することにより、1次資源価格の乱高下の影響を減らし、材料調達価格の全体平均値を下げることを目指している。これらの取り組みは廃棄物セクターと資本関係を持ち、廃棄物の収集／リサイクルネットワークを有していなければ実現できないものである。

　また、Renaultがプロジェクトの全体統括を務める自動車再生プロジェクト「iCARRE95」では、50社超の廃車／リサイクル関連企業と連携し、静脈バリューチェーン全体での生産性向上を目指した包括的な活動を行っている（図4）。入り口である廃棄物収集、出口である資源再利用先の双方で多数の選択肢を持ち、それらをマッチングすることにより最適化を企図している。

図4 再生プロジェクト（iCARRE95）におけるRenaultの取り組み

─────── 再生プロセス全体像 ───────

| 車両解体、材料回収 | 輸送 | 再生、再生産、再利用 |

◀──── VC全体での生産性向上へ取り組み ────▶

回収NWの構築	輸送の効率化 回収拠点の集約、輸送ルートの見直し →輸送コスト削減 →輸送に係るCO_2排出量削減	資源活用先の充実
 廃車NW　中古車NW 素材、部品シーズ	 改善前　　改善後	自社工場　サプライヤー　リマニ／修理工場 素材ニーズ　　部品ニーズ （再生）　（再生産、再利用）

ニーズとシーズのマッチング
素材、部品のニーズに対してタイムリー、かつ的確にシーズを提供
→過剰在庫低減によるコスト削減
→ニーズの的確な把握による資源効率向上
（より資源効率の高い循環を選択可能：再生＜再生産＜再利用）

出所：iCARRE95公式HPを基にデロイト トーマツ作成

　上記の仕組みを構築する上で、Renaultは子会社のフランス
Renault Environmentより ELV回収事業の同Indra（Suezとの
合弁）、金属スクラップ事業の同Boone Conemor（100％）、部
品／資源再生事業の同Gaïa（100％）の3社に出資し、年5億
ユーロの売上高を上げている。静脈プロセスを自社に取り込む
ことで収益化につなげているのである。

　加えて、欧州メーカーは中古部品を洗浄／再加工して再利用
するリマニュファクチャリングに古くから積極的だ。欧州では
部品再生は高貴な仕事とされており、熟練技術者が再生工場を
支えているという。また、このリマニ部品は、回収と再生産の
仕組みを構築すれば、新品の部品交換に比べ価格を安く抑える

ことができるため、ビジネス上でも非常に重要なのである。

　スウェーデンVolvoの商用車部門では、純正修理部品の価格の高さゆえにメーカー保証期間が過ぎた顧客の正規カーディーラー離れが経営課題となっていたが、メーカー保証を付けたリマニ部品を安価で提供することにより、顧客のつなぎ留めに成功している。同社はこの活動を強化するために、複数回のリマニュファクチャリングを想定した堅牢（けんろう）な部品設計をしている。加えて、リマニュファクチャリング対象部品を顧客から回収し、再生、再流通させるプロセスをカーディーラーや独立修理店、部品メーカーを巻き込み構築している。

　他方、VolkswagenとDaimlerは中国でリマニュファクチャリング工場を稼働させており、Volvo同様に高価な純正部品による正規カーディーラー離れの回避を狙っている。品質の統制が効かない独立修理店での修理や低品質部品の利用による粗悪車の流通を抑制することは、結果としてブランド価値を守ることにもつながる。なお、欧州自動車産業の例からは外れるが、建機大手の米Catapillarは自社のリマニ部品を「CAT Reman」としてブランド化し、自社の再生部品販売に留まらず、他社の部品再生へと事業拡大して年間1000億円以上の事業規模になっている。

　自動車部品メーカーにも影響は波及する。第3章で触れた2020年「CES」にてDaimlerが発表した「ゼロ・インパクトカー」の講演で、同社は部品メーカーに対して再生材の利用推奨など、部品調達の見直しを示唆している。

フランスFaureciaでは、シート生産に利用するポリプロピレンのうち、リサイクル材の使用量が15〜20％を占めており、プラスチック全体でも2018年には調達量の8％がリサイクル材であったと公表している。

ドイツBoschは、リマニュファクチャリングを一事業として独立、拡大させようとしている。2016年、同社はリマニュファクチャリング部門をCircular Economy Solutions（C-ECO）社として独立させた。非Bosch製部品も含めて、自動車コア部品を評価／回収し、欧州および北米にある倉庫でリマニュファクチャリングできる部品を保管、再びメーカーに戻すサービスを提供している。デポジット制を採用することでコア部品の回収率は90％を超えるという。

日本企業の方向性

繰り返しになるが、CEは経済活動であり、自動車企業の事業戦略である。また、物質的な資源循環のことではなく、価値創出循環（価値の創出を循環的に多段階に行うこと）と捉えるべきである。

日系自動車メーカーは決してCEに該当する取り組みで後れを取っているわけではない。ただし、事業戦略として生かされていないのが課題なのだ。そこで、日本の自動車業界が事業戦略としてCEを考える上でのポイントを3点整理したい。

①環境、安全に次ぐ第３の矢、ルール形成戦略への対応

　自動車関連規制は常に更新され、それが技術開発、さらには買い替え需要を喚起してきた。環境ではCO_2排出量規制（EURO6）、安全では安全規格（EuroNCAP）がいずれも欧州主導で形成され、世界に派生している。CEはその第3の矢となるだろう。資源枯渇という大義名分を掲げ、静脈産業という欧州の強みを生かしたルール形成を計り、ISOなど規格化をして世界に伝播（でんぱ）させる。

　日本企業には、技術で勝りながらもルールや市場形成で逆転を許すことがないよう産官学が連携した対応が必須である。自動車メーカー各社が思惑や権利を主張するのではなく、産業全体の底上げを目指して協調することが肝要だ。自動車メーカー各社が自社の情報、商流を主張するばかりに独自の静脈サプライチェーンを構築するようでは静脈産業の市場形成及び国際的に競争力のあるプレーヤーは登場しえない。

②バリュー"チェーン"の拡張と再構成

　CEは事業のバリューチェーンの枠を広げる。それは、自動車メーカーは新車を売り切り、売った後はカーディーラーの仕事、という形態を改め、売った後の使われ方／使い切られ方を主体的に管理していくことである。例えば、サブスクリプション型を含むリース形態で販売した車両がリースアップされる時に、その車両をリマニ部品を使いメンテナンスし、中古リースで複数サイクルを回す。まだ乗れそうであれば、アフリカ等へ

中古車輸出、難しければ解体して再資源化する。そうした多段階での使われ方を想定したエコデザイン設計をあらかじめ行っておく。自動車メーカーが、こうしたバリュー"チェーン"間のつながりの事業を描けるかがカギであろう。他にも、カーシェアやロボタクシーなどモビリティーサービス車両のメンテナンス／再利活用なども同様だ。「製品のサービス化」を成功させるためには、モノのコストを抑える手段としてサーキュラー化は不可欠なのだ。

　こうした新たなビジネスモデルを構築する際は、まず既存ビジネスとも親和性の高いところから小さく始めることとなるが、同時に、各ビジネスの関係性が理解できるようビジネスモデルの最終形を始めにデザインしておくことが肝要だ。

　ただし、バリューチェーンをまたいだ事業デザインは、各領域でプレーヤーが異なるため容易ではない。他産業とも積極的に関わりを持ち協調し、壁を壊していく必要がある。自動車産業はMaaS推進にあたって運輸産業やIT／デジタル産業等と広く提携を進めているように、再生材／2次資源活用推進にあたっては素材産業や商社との関係をより強化していくべきである。日本は、世界にも稀に見る多種多様な産業で世界的な有力企業が存在する国である。自動車、化学／素材、電機、金融、IT／通信、などここまでバランスよくそろっている国は他にない。強者がそろう日本だからこそ実現可能なバリューチェーンをまたいだ新たなビジネスモデルを描く。そして、その中核となり青写真を描くのは、名実共に日本を支える自動車業界で

はないだろうか。バリューチェーン（鎖）を壊し、バリューループに作り変えるのだ。

　一方で、CEを検討している企業からは、新車の設計、生産、販売に最適化されてしまった自社自身が最大の障壁だ、との戸惑いの声を聞く。CEはリニアエコノミーと経済概念が異なることから、自動車業界も3つの常識を変えていく必要がある。

1.「Just-in-Time」から「Just-in-Place」へ

　BoschはCE戦略の中で、「Just-in-Time」ではなく「Just-in-Place」が重要と述べている。リニアエコノミーでは最安の1次資源や労働力を目指してグローバルに張り巡らされた調達／生産網構築が強みであったが、これらは持続的ではない。サーキュラーエコノミーでは地産地消＋"地環"ともいえる持続的かつ経済合理性も高くなるサプライチェーンの抜本的な再設計が必要となる。

　加えて、これはCOVID-19で露呈したグローバルサプライチェーンの脆さへの処方ともなる。また、米中貿易摩擦が象徴するように自国ファースト時代を迎え、通商政策はかつてなく先読みが難しくなっている。サプライチェーンを地理的にコンパクトにするということは、ビジネスリスク低減の観点からもぜひ検討すべき事項である。

2. クルマ1台から部品単位へ

　部品単位では半永久的に使えるものが多くあるにもかかわら

ず、自動車業界は環境規制（燃費、CO_2排出、排ガス）、安全規制強化（衝突安全、先進安全）のたびにクルマの買い替えを促し成長、巨大化してきた。しかし、電動化や先進安全、自動運転技術の進展により従来の規制強化が終焉を迎える可能性がある。そうすると、必要な部品のみを交換し長く利用していくのが自然であり、個別部品の残価管理、再利用先の選択肢、および販路の充実が重要となっていく。特に残存価値の高い電池の可能性は広がるだろう。

3. 売上高から価値創出額＝利益額へ

CEを本格推進すると新車販売台数は減少するだろう。そして、1台売れるたびに数百万円が積み上がる新車販売以上に売上高を稼げる事業はないため、CE推進は自動車メーカーや部品メーカー、カーディーラーにとって少なくとも短期的には売上高の減少を招くものとなる。しかし、資源循環がされない産業に明るい未来はないとして、経営者が意思をもって取り組まねばならない。

一方で、CEは1台の車が役目を終えるまでに何度も価値を創出する機会をもたらすため、付加価値、言い換えれば利益の積み上げ額は売上高ほど減らないか、むしろ増えるのではないだろうか。売上高10兆円で利益率5％の製造業から、売上高8兆円で利益率15％のモビリティーバリューループ産業を目指したい。

最後に、社内で誰がこの取り組みの推進役となるか、という

問題が残されている。資源循環という点で環境部でもありつつ、事業の目線では、中古車事業、MaaS事業、など個々の取り組みを既存部署が担っているが故に、全体を俯瞰して検討する立場がいないことが想定される。RenaultではStrategic Environmental Planning担当副社長がリーダーシップを発揮しているように、事業×環境を語れる人材／組織力が求められる。

③DXによるバリューチェーンマネジメントの仕組み構築

　CEの実践には、製造したクルマや部品が今、ライフサイクルのどこにあるか、価値を提供し続けられるか、利益を生み続けられるか、を把握することが必要である。つまり、バリューチェーンで情報を管理し、ライフサイクルで収益性が可視化できる仕組みが必要なのだ。

　コネクテッド化により自動車メーカーから離れてもクルマの動態が分かるようになる。また、車両や重要部品を個体識別番号によりバリューチェーン／事業者横断でトレーサビリティーを管理する構想は旧来から存在するが、IoTやクラウド、ブロックチェーンなどのテクノロジーの進展がそれら事業者をまたいだ情報収集／管理を容易にする可能性を秘めている。とりわけ、残存価値の高い車載電池については、自動車メーカー、部材メーカー、IT企業、エネルギー会社など関係プレーヤーがGlobal Battery Alliance（GBA）を設立し、トレーサビリティーを共有／管理する「バッテリーパスポート構想」を提唱している。

収益性管理の点では、蓄積されたデータの活用／分析により、部品の残価算定や再販市場価格の決定などをAIで自動算定するプライシング技術が登場するだろう。

　いくつかの個別事例を挙げたが、重要なのはDXを活用し、拡張／再定義したバリューチェーン全体のシステム、オペレーションを循環型に対応させていくことである。

　自動車バリューチェーンを「川上」「川中」「川下」と呼ぶ。川の水が海へと流れ、雨となり、再び川に戻っていくように、CEが自動車会社にとっての「恵みの雨」となることを期待したい。

第4章

後編

待ったなし！自動車業界におけるサイバーセキュリティー対応の展望

04

　近年、サイバーリスクは高まっている。特定の組織を狙った標的型攻撃、システムダウンを狙ったDoS攻撃、データ破壊をもたらすランサムウエア攻撃等、その手法は複雑化、高度化が進み、いまや重要な経営課題として注目が高まっている。また、昨今の社会情勢を踏まえたリモートワークの進展に伴い、通信データの盗聴、漏洩、さらには不正なウェブサイトに誘導するフィッシング被害等、サイバー脅威に対する懸念は多岐にわたり高まりつつある。

　こうした動向は、自動車業界においても例外ではない。従来、情報システムにおける固有リスクとして扱う傾向が強かったサイバー脅威は、いまや「製品」に対しても迫っている。仮にクルマの走行機能に影響しうるサイバー攻撃が発生した場合、法令違反等のコンプライアンス抵触のみならず、交通混乱や人命被害につながる危険もはらむ。そして、このようなクラ

イシスが発生した場合、企業は信頼失墜を招くだけでなく、リコールや集団訴訟による経営危機を招く可能性もあり、決して軽視できない。

　以上を踏まえ、自動車業界では、2つの視点でサイバー脅威に対応していく必要がある。1つは「協調」であり、業界共通的な標準ルールに沿ってセキュリティー管理水準の底上げを目指す活動である。もう1つは「競争」であり、自動車の電子機器やコネクテッドサービスに搭載されるセキュリティー機能を高度化し、他社との差別化で製品付加価値を高める活動である。

　これら2つの活動は、端的に言えば「守り（協調）」と「攻め（競争）」である。サイバーセキュリティーに関わる型式認可制度（WP29）等、業界のレギュレーションが強化される中、サプライチェーン全体として、自動車のサイバーセキュリティー機能を多層的に強化することは最重要課題であり、特に機能全体を俯瞰する立場にある自動車メーカーの果たす役割と責任は大きい。

　本章では、クルマを取り巻くサイバー脅威の動向を踏まえ、「協調」「競争」における対策を解説する。

クルマを取り巻くサイバー脅威の変遷

　2015年、欧米系自動車メーカーの無線通信サービスやインフォテインメントシステム等における複数の脆弱性を利用し、車外からエンジン、ステアリング、ワイパー等の遠隔操作が可

能であることを某研究者が発表した（Black Hat USA 2015）。このことは、自動車業界に激震を走らせ、「車内のソフトウエア更新のため140万台のリコールを発表」という衝撃的な顛末を迎えた。

　従来、サイバー脅威とは、企業内の情報システムやウェブサイトが抱えるリスクであり、自動車とは遠い「対岸の火事」として見られていたが、本件を契機に国内の自動車メーカー各社も本腰を入れ始めた。同年12月、経済産業省が中心となり「サイバーセキュリティー経営ガイドライン」を策定し、経営者が認識すべきサイバーセキュリティーに関する原則と重要項目が明文化されたことも追い風となり、セキュリティーガバナンス構築、専門組織設置、リスク評価等の機運が高まる契機となった。

　その後、クルマのコネクテッド通信に関わる脆弱性の研究発表の事例が増えた。例えば、OBD2端子に接続した装置、遠隔操作でのドア解錠、コネクテッドサービス機能を経由した不正なCANメッセージのリモート送信等、クルマに対するサイバー攻撃を危惧する声が更に高まった。直近では、2019年に話題となった「リレーアタック」が挙げられる。これは、電子的なスマートキーの電波特性を悪用した車両盗難の犯罪手口であり、実際に消費者への実被害が発生した点、さらにはその手口を悪用した人物に対して、2019年12月に名古屋地裁から有罪判決が言い渡された結末も相まって、世間の関心は急速に高まっている。

　また、より複雑な攻撃例として「サプライチェーンアタッ

ク」が挙げられる。これは、管理が強固な組織を直接狙わず、管理が脆弱な周辺の関連組織を攻め、そこを経由して契約や請求等の通常業務のやり取りを装い、不正プログラムを送り込む巧妙な手法であり、自社を万全な体制にしておけば問題ないという考えを覆すこととなった。さらに、こうした攻撃を実現するため、「闇サイト」では、犯罪者間の情報交換が活発となり、クルマを攻撃するための手法やツール等をめぐる金銭取引も増加している（図1）。

このように、サイバー攻撃はより巧妙になり、複雑化の一途を辿っている。こうした脅威に対峙するには、「協調」と「競争」の2つの視点が重要なのである。以降、各視点の対策につ

図1 ダークウェブ（闇サイト）の位置付け

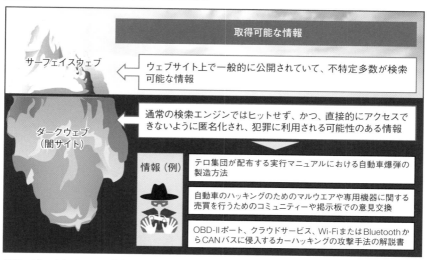

取得可能な情報

サーフェイスウェブ — ウェブサイト上で一般的に公開されていて、不特定多数が検索可能な情報

ダークウェブ（闇サイト） — 通常の検索エンジンではヒットせず、かつ、直接的にアクセスできないように匿名化され、犯罪に利用される可能性のある情報

情報（例）
テロ集団が配布する実行マニュアルにおける自動車爆弾の製造方法

自動車のハッキングのためのマルウエアや専用機器に関する売買を行うためのコミュニティーや掲示板での意見交換

OBD-IIポート、クラウドサービス、Wi-FiまたはBluetoothからCANバスに侵入するカーハッキングの攻撃手法の解説書

出所：デロイト トーマツ作成

いて、現状と今後の動向を解説する。

サイバーセキュリティーにおける「協調」

　自社のセキュリティーを強化するだけでは近年のサイバー脅威に対抗することは難しい。弱い組織があれば、そこを起点に狙われてしまう。自動車メーカー各社、更には部品メーカー等も含めた業界全体として、セキュリティー管理の要件や水準に関する認識を合わせ、サプライチェーン上でスキのない管理態勢を作り上げることが求められている。

　そのために、業界共通のルール作りが重要となる。必要な管理水準が明確になり、弱点がより浮彫りになるだけでなく、施策の整備、運用に係る対応も効率化され、経営メリットは大きい。

　こうしたルール作りは、国内外で進んでいる。国内では、JAMA（日本自動車工業会）、JSAE（自動車技術会）、JASPARといった業界団体が中心となり、自動車開発に係る各種ガイドラインの策定、セキュリティー研修の開催、脅威や脆弱性の情報共有等を推進している。また、これまで曖昧な点もあったクルマにおけるプライバシー情報の定義や保護要件に係るガイドライン整備も進みつつある。プライバシー保護に関しては、従来、自動車において対象となる情報の定義、種別等が不明瞭であったものの、GDPR（EU一般データ保護規則）等の海外の先進的な動向に呼応して、国内における関連法令／ガイドラインの整備や自動車業界内での協議も進みつつある。近年

は業界団体を中心に、個人情報、さらにはパーソナルデータという、より広義な視点で管理方針を検討する動きも進み、コネクテッド時代を象徴する経営課題の1つとして、その重要性は高まっている（図2）。

海外に目を向けると、米国では、NHTSA（国家幹線道路交通安全局）、AUTO-ISAC（自動車情報共有分析センター）等が同様の取り組みを推進し、欧州ではAUTOSAR（自動車用ソフトウエアの標準化団体）による車載ソフトウエア等の仕様標準化が進み、2020年8月現在、国際標準規格ISO／ＳＡＥ21434も制定に向けて最終局面を迎えている。また、より効力の強いレギュレーションの協議も進んでいる。国連欧州経済委

図2 自動車を取り巻くプライバシー関連情報の種類

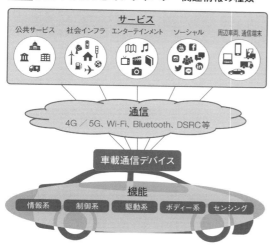

出所：デロイト トーマツ作成

員会のWorking Partyの1つであるWP29では、安全で環境性能の高いクルマを普及させるため、クルマのサイバーセキュリティーやソフトウエアアップデートの型式認可に係る国際的なルール制定の検討がされている。今後は、製品セキュリティー機能とその開発／運用等のプロセスに問題があれば販売に支障をきたすルールとなる（2021年以降予定）。

　WP29やISO／SAE21434では、サイバーセキュリティーをより包括的なエコシステムとして位置付けている。求められる活動には、技術的なものもあれば、人的な運用で行われるものもある。また、製品内に実装される機能もあれば、インターネット上の環境（データセンター等）に実装される機能もある。さらに、それぞれの活動／機能の主管部門は多岐に及ぶ。複雑化、高度化する近年のサイバー脅威に対応するためには、従来のように個別バラバラな対応では限界がある。そのため、組織全体が一丸となって、ガバナンス、マネジメント、オペレーションの各領域で、有機的に各活動を連動させる仕組みづくりが重要となる（図3）。

　なお、WP29のレギュレーションを鑑み、国土交通省は関連法の改正等を進めており、2019年5月に自動運転の実用化に向けた改正道路運送車両法が成立、不完全なプログラムの配信や、第三者による不正な改造プログラムの作製、大量配信を防止するための許可制度が創設された。そして、先般、国内の保安基準にはWP29を踏襲した要件が取り入れられることとなった。

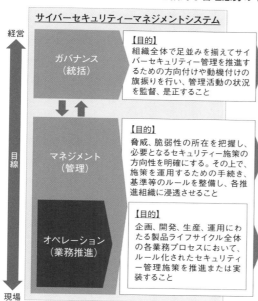

図3 サイバーセキュリティーの包括的な管理態勢のイメージ

サイバーセキュリティーマネジメントシステム

経営 → 現場（目線）

ガバナンス（統括）

【目的】
組織全体で足並みを揃えてサイバーセキュリティー管理を推進するための方向付けや動機付けの旗振りを行い、管理活動の状況を監督、是正すること

マネジメント（管理）

【目的】
脅威、脆弱性の所在を把握し、必要となるセキュリティー施策の方向性を明確にする。その上で、施策を運用するための手続き、基準等のルールを整備し、各推進組織に浸透させること

オペレーション（業務推進）

【目的】
企画、開発、生産、運用にわたる製品ライフサイクル全体の各業務プロセスにおいて、ルール化されたセキュリティー管理施策を推進または実装すること

セキュリティー管理の主な活動（例）

■セキュリティーポリシーの策定
■セキュリティーリスク管理態勢の整備
■セキュリティー教育、アウェアネス活動
■セキュリティー活動共有（定例会議体の運営等）
■社外ステークホルダーへの報告

■標準的な手続き、様式類の整備
■社外動向（脅威、対策等）の情報収集
■サプライチェーンリスク管理に係るルール整備
■セキュリティー施策に関する活動計画の策定
■業務推進状況のモニタリング

■セキュリティーコンセプトの定義
■開発、生産段階でのセキュリティー要件策定
■セキュアコーディング
■セキュリティー機能のテスト、評価
■インシデント監視、収束、復旧対応

出所：デロイト トーマツ作成

「協調」領域で求められる対応

　サイバー脅威はより深刻になる。「闇サイト」では、クルマのテロ活用に関する投稿も登場しており、高度な自動運転機能等を搭載したクルマが「武器化」する脅威がある。また、コネクテッド社会においては、周辺のインフラ環境も踏まえたエコシステム全体でサイバー脅威と向き合うことが重要となる。クルマの走行データを改ざん、悪用することによる交通混乱、人命被害等、社会的影響の大きいリスクが顕在化する危険をはら

む。こうした動向も踏まえ、「点⇒線⇒面」でのセキュリティー対応の進展が不可欠となる（図4）。

　従来、自動車業界では個社ごとにセキュリティー対応を進めていたが、現在、AUTO-ISAC等の業界団体を通じた協調活動という"線"の連携が実現されつつある。自動車メーカー、部品メーカー等、各社が必要な情報を共有することにより、足並みを揃えた管理が実現できる。

　今後は、さらに広範な"面"が求められる。構造の異なる環境での相互認証を実現するため、メタ思考によるデータ連携に基づく業界間ハーモナイゼーション基盤が不可欠となる。そのためには、自動車業界の標準的な管理水準、さらには他業界か

図4 サイバーセキュリティー対応の進展

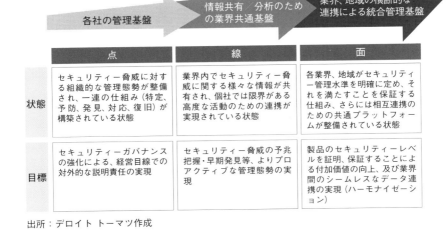

	点	線	面
状態	セキュリティー脅威に対する組織的な管理態勢が整備され、一連の仕組み（特定、予防、発見、対応、復旧）が構築されている状態	業界内でセキュリティー脅威に関する様々な情報が共有され、個社では限界がある高度な活動のための連携が実現されている状態	各業界、地域がセキュリティー管理水準を明確に定め、それを満たすことを保証する仕組み、さらには相互連携のための共通プラットフォームが整備されている状態
目標	セキュリティーガバナンスの強化による、経営目線での対外的な説明責任の実現	セキュリティー脅威の予兆把握・早期発見等、よりプロアクティブな管理態勢の実現	製品のセキュリティーレベルを証明、保証することによる付加価値の向上、及び業界間のシームレスなデータ連携の実現（ハーモナイゼーション）

出所：デロイト トーマツ作成

ら求められる管理水準を明確にし、定期的に評価することが肝要だ。

　一部の自動車メーカーは、既にスマートシティー構想の実現に向けた実証実験に取り組んでいる。社会インフラ全体として見れば、クルマも1つの点にすぎないことを再認識し、「協調」による関連活動を今後も継続すべきだろう。また、部品メーカーにとっても他人事ではない。車載電子機器の開発／製造を担う立場として、WP29をはじめとする各種要件に準拠した体制／プロセス等の整備／運用は、自動車メーカーと同様に重要な経営課題である。そして、サプライチェーンにおいて、"スキのない"管理態勢が実現されることを期待したい。

サイバーセキュリティーにおける「競争」

　既述の通り、クルマのサイバーセキュリティー対応要請は、今後ますます増加する。特に品質保証の観点から、自動車メーカー及び部品メーカー各社が提供する製品（車両、部品等）やサービス（メンテナンス、モビリティーサービス等）に対し、今後多様化するサイバー脅威への対策を講じることが喫緊の課題である。

　しかし、クルマのサイバーセキュリティー対応には、使用環境、耐用年数といった車両自体の厳しい品質基準も求められるため、対策を講じることは容易ではない（図5）。また、この対応に関するコスト回収も重要な論点となる。

図5 車両の変化に伴うサイバーリスクへの影響と、セキュリティー対応検討時に考慮すべき車両固有の特徴

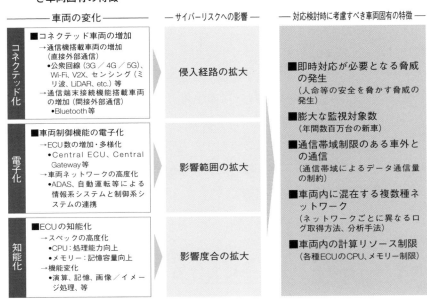

―――――― 車両の変化 ――――――　―サイバーリスクへの影響―　―― 対応検討時に考慮すべき車両固有の特徴 ――

コネクテッド化

■コネクテッド車両の増加
　→通信機搭載車両の増加
　　（直接外部通信）
　●公衆回線（3G／4G／5G）、
　　Wi-Fi、V2X、センシング（ミ
　　リ波、LiDAR, etc.）等
　→通信端末接続機能搭載車両
　　の増加（間接外部通信）
　●Bluetooth等

電子化

■車両制御機能の電子化
　→ECU数の増加・多様化
　●Central ECU、Central
　　Gateway等
　→車両ネットワークの高度化
　●ADAS、自動運転等による
　　情報系システムと制御系シ
　　ステムの連携

知能化

■ECUの知能化
　→スペックの高度化
　●CPU：処理能力向上
　●メモリー：記憶容量向上
　→機能変化
　●演算、記憶、画像／イメー
　　ジ処理、等

侵入経路の拡大

影響範囲の拡大

影響度合の拡大

■即時対応が必要となる脅威
　の発生
　（人命等の安全を脅かす脅威の
　発生）

■膨大な監視対象数
　（年間数百万台の新車）

■通信帯域制限のある車外と
　の通信
　（通信帯域によるデータ通信量
　の制約）

■車両内に混在する複数種ネ
　ットワーク
　（ネットワークごとに異なるログ
　取得方法、分析手法）

■車両内の計算リソース制限
　（各種ECUのCPU、メモリー制限）

出所：デロイト トーマツ作成

　クルマにおいては、インシデント発生前後で網羅的にセキュリティー対策を講じる必要がある。その対応は多岐にわたり、様々な関係者を巻き込むため、対応内容と役割分担の明確化が実際の推進上では重要だ。加えて、具体策の検討時には、提供するサービスレベル（Quality）、コスト（Cost）、対応速度（Delivery）を考慮し、全体でバランスを取りながら、要求品質を担保することが必要だ。

　製品としての車両のサイバーセキュリティー対応において

は、ユーザーが安心安全に利用できるように、車両ライフサイクル全てにわたりサイバー攻撃への備えを検討しなければならない（図6）。製品（車両）の品質という意味では、全てのサイバーリスクを上市前に未然に防ぎたいが、サイバーセキュリティーの世界では日々の技術進歩に伴い、それに合わせるかのように様々な攻撃の手口や未知のサイバー脅威が発生している。こうした状況下で、サイバー攻撃を上市前後で100％未然に防ぐことは困難である。そのため、考えられ得る最大限の予防を行いつつ、万が一セキュリティーリスクが発生した際に迅

図6 車両ライフサイクルにおける車両への主なサイバーセキュリティー対応

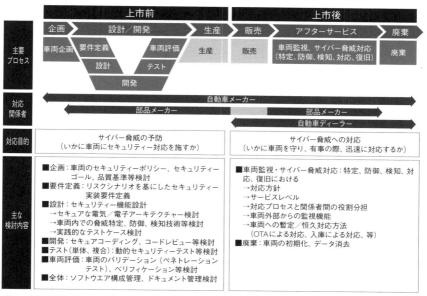

出所：デロイト トーマツ作成

速な対応が実行できる備えも考慮する必要がある。全体の活動バランスを考慮すると、セキュリティーインシデントが発生した際にどう対応するかに注力する方が効率的（ROIが高い）と考える企業も多い。

上市前の対策

車両の企画段階では、商品化する車両で持つべきセキュリティー対応レベルの検討を行う。各社がリスクマネジメントとして持つ情報セキュリティーポリシーや基準は順守し、車両へのセキュリティー機能実装と上市後に提供するセキュリティー対応内容との組み合わせによる車両ライフサイクル全体を通した車内と車外の相互補完等の検討が主な論点となる。車両へのセキュリティー機能実装においては、車種やグレードによる機能差でトータルコストのバランスを保つ検討を進める自動車メーカーもある。

設計／開発段階では、具体的な車両へのセキュリティー機能の検討と実装、および量産前の品質最終確認として、セキュリティー評価を行う。主なポイントとして、以下が挙げられる。

・上市後に発生し得るリスクシナリオの想定と、リスクが及ぼす車載ネットワークへの影響を考慮したセキュリティー要件定義の実施
・セキュアな電気／電子アーキテクチャーの設計、サイバー攻撃の特定、防御、検知技術の検討と設計、それらが実際に機

能するか否かを評価するテストシナリオの検討
・セキュアなコーディングやコードレビューによるプログラミング品質担保の検討
・実践的な車両へのペネトレーションテスト等によるサイバーセキュリティー品質評価の実施

上市後の対策

　上市後の車両は常にサイバー脅威にさらされるため、「いかに車両を守り、有事の際迅速に対応するか」ということに全力で取り組む必要がある。いかに車両へのサイバー脅威を未然に防ぎ、万が一セキュリティーリスクが発生した場合には、迅速に対応（暫定対応）、復旧（恒久対応）ができるよう、常に備えることが必要となる。また、車両がその役割を終える廃棄時には、車内に一切のデータを残さないように、車両を出荷前の初期状態に戻さなければならない（車両の初期化）。

　国内でも車両へのサイバー攻撃を外部から監視する機能、いわゆるVehicle Security Operation Center（VSOC）構築の検討が急激に進んでいるが、欧州では一部実用化されており、多くがPoC（Ploof of Concept：概念実証）を行っている。しかし、大量の車両を常時監視し迅速に対応することは容易ではなく、この仕組みを自社で構築するには相当な投資を要する。そのため、ユーザーが選択できる形でサービス内容に差をつけ、サブスクリプション等の形態で課金する方法や、他社にVSOCサービスを外販することによりコスト回収を検討している欧州

系自動車メーカーもある。

上市後の検討での主な論点は、サイバー攻撃の特定、防御、検知、対応、復旧における対応プロセスフローと、フロー実行時の具体的な活動定義、及びその役割分担である。自動車メーカー、自動車ディーラー、及び部品メーカーそれぞれが迅速かつ完全に対応できるプロセスと役割分担の策定が求められる。

海外自動車メーカーの中でも特に欧州企業は、以前からデファクト化等、自らが優位に立つようなルール形成を得意としており、車両へのサイバーセキュリティー対応についてもその例外ではない。欧州メーカーが積極的に取り組む背景には、法令順守と被害発生時に生じるブランド毀損防止以上に、法規等の与件よりも先行したクルマへの機能実装による製品差別化とルール形成（デファクト化）、及び付随する新たな付加価値サービスの提供による市場のゲームチェンジがある。また、発生する費用についてはクルマの高付加価値化による回収方法を模索している。

車両へのセキュリティー対応機能実装について欧州メーカーの例を挙げると、車両内でのサイバー脅威を検知／防御する技術の導入を積極的に行い、その実装機能レベルを上げて行くことにより、車両へのサイバーセキュリティー対応という新たなマーケットにおける技術的な先行と、製品（車両）の機能差による差別化を企図している。彼らはニーズをあえて創出することにより新たなビジネスチャンスの創出を狙っているのだ。自動車の品質の要である「安全、安心」をサイバーセキュリ

ティー分野においても満たさなければならないという高いハードルはあるものの、テクノロジーの進歩による汎用化や低価格化に伴い、いずれ克服できるであろう。

　車両へのサイバーセキュリティー対応に係るコストについて各社は、サイバーセキュリティー対応が新たな自動車の品質基準になると、見える形でユーザーから徴収することは困難、と一般的には考えている。しかし、今後自動車へのサイバーセキュリティー対応が義務化されると、その対応への投資は継続的に発生する。そのため、欧州系自動車メーカーの多くが、製品（車両）機能の実装はコストとし、上市後に提供する付加価値的なサービスによりコスト回収を行う考え方である。また、一般的なサイバーセキュリティーに対するユーザーの感度は地域や国により異なるため、各メーカーが提供する車両機能及びサービス内容と、その対価に関しては地域やユーザー特性等も考慮し、地域差を出しながら全体での収益性を検討することも必要になるであろう。

　海外の大手自動車メーカーの多くは、車両のセキュリティー対応として車内に検知／防御機能を実装することを前提としている。車載ECUの性能制約やコスト面からもICT分野のレベルには至らないものの、既にICT分野で使用される一部機能を搭載した車両を上市している自動車メーカーもある。また、海外自動車メーカーの多くは、車内のソフトウエアの重要性をいち早く察知し、車両のソフトウエア化を見据えたR＆D変革と、それに伴う組織／プロセス変革を数年かけて着実に行ってきた。

特にドイツ系自動車メーカーは、ハード面では車両のモジュール化、ソフト面では電気／電子アーキテクチャーの全面的な刷新を早期に行い、それに伴う設計／開発プロセス変革と全面的なデジタライゼーションによるコンカレントエンジニアリングの実現を地道に行ってきた。また、CASE等により車両におけるソフトウエアの割合と重要性が増すことも早期に認識していたため、昨今では、従来は部品メーカーに外注していたソフトウエア開発のうち、コアとなるものは自社に寄り戻し、手の内化する方向に進んでいる。これまではコストやリソースの関係で外注してきた経緯もあるが、車載ソフトウエアの将来的な重要性の増加に備え、長期的な戦略としてのM＆A等による内製可能なリソースとコスト競争力の確保を行ってきた。その結果、自社が持つソフトウエア関連のオフショア子会社と作業分担を行うことで、コスト競争力を維持しつつ、内製化によるコア技術ノウハウの蓄積を狙っている。

　付加価値サービスに関する取り組みでは、クルマを監視／対応する機能が一部実運用されている例もあり、各社共にICT分野のレベルを指向している。特に欧州大手部品メーカーは、ICT分野同等の高レベルでセキュリティー機能を持つシステムユニットと、それらを監視／対応するサービスを付加価値として、自動車メーカー各社への提案を企図し新たなビジネス機会を狙っている。

企業の持続的成長に必要なセキュリティー対策

　クルマの電動化、情報化、知能化の進展に伴い、車両におけるソフトウエアの重要性が増す。それにより、今後クルマの中にも高性能なCPU（中央演算処理装置）やメモリーが搭載され、車内ネットワークもICTのネットワークに近い形へ変化するであろう。具体的には車両のネットワークを司る電気／電子アーキテクチャーは、高性能なECUに各車両システム機能を集約させるドメインコントローラ型や高速演算処理能力を持つプロセッサーを車両のコアとして配置する中央処理型が主となる方向で各社は開発を進めている（図7）。パワートレーンの電動化や自動運転に必要な情報化や知能化には、この車両の電気／電子アーキテクチャーの設計／開発が鍵となる。更に欧州勢は、車両の電気／電子アーキテクチャーの進化に合わせて、車載ソフトウエアのプラットフォーム的な役割を担う、いわゆる車載OSのような新たな価値創造とその浸透、及びそれを掌握、標準化することで、自社優位のポジショニングを築く思惑があると想定される。

　このような技術進歩について、サイバー攻撃を仕掛ける側の視点から見ると、よりネットワーク化されセンサーやコンピューターの塊となるクルマは、彼らが攻撃するための入り口や攻撃手口を増やすことを意味する。前述の通り、サイバーセキュリティーの世界では日々の技術進歩に伴い、攻撃のための様々な手口や未知のサイバー脅威が発生している。同時に、ク

図7 車載電気／電子アーキテクチャーの変遷

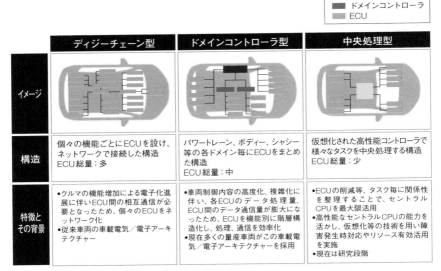

凡例
☐ セントラルCPU
■ ゲートウェイ
■ ドメインコントローラ
▨ ECU

	ディジーチェーン型	ドメインコントローラ型	中央処理型
イメージ			
構造	個々の機能ごとにECUを設け、ネットワークで接続した構造 ECU総量：多	パワートレーン、ボディー、シャシー等の各ドメイン毎にECUをまとめた構造 ECU総量：中	仮想化された高性能コントローラで様々なタスクを中央処理する構造 ECU総量：少
特徴とその背景	●クルマの機能増加による電子化進展に伴いECU間の相互通信が必要となったため、個々のECUをネットワーク化 ●従来車両の車載電気／電子アーキテクチャー	●車両制御内容の高度化、複雑化に伴い、各ECUのデータ処理量、ECU間のデータ通信量が膨大になったため、ECUを機能別に階層構造化し、処理、通信を効率化 ●現在多くの量産車両がこの車載電気／電子アーキテクチャーを採用	●ECUの削減等、タスク毎に関係性を整理することで、セントラルCPUを最大限活用 ●高性能なセントラルCPUの能力を活かし、仮想化等の技術を用い障害発生時対応やリソース有効活用を実施 ●現在は研究段階

出所：デロイト トーマツ作成

ルマのサイバーセキュリティーに関する技術やそれに伴う汎用化、低コスト化も近い将来起こり得る。既に、ICT分野等での経験と実績を基盤とする他業種からの参入や、新たな有力サプライヤーも出現し始めている。今後も既存技術を基に、クルマへのセキュリティー対応手法は充実し、関連する様々なサービスが提供されて行くだろう。

　サイバー攻撃を仕掛ける側と守る側の攻防は今後も続くため、各組織にとっては、クルマのライフサイクルを通じてますます増加し複雑化する業務に対するリソースの選択と集中の工

夫が求められる。

　サイバーセキュリティー対応は、自社内に留まる話ではない。セキュリティー管理が脆弱な場合、自社に被害をもたらすだけでなく、社会全体への加害者にもなり得る。そのことを理解し、業界共通のルールや基準も踏まえた協調的な視点が不可欠となる。その上で、市場（法規等も含む）や競合動向から潮流をいち早くつかんで先読みし、他社との差別化につながる戦略を積極的かつ具体的に実行できるかが、競争優位なポジションを築くためのカギとなる。

　昨今のCOVID-19のような不測の事態と同様に、いつ起こるとも限らないサイバー脅威に対し、常に複数の選択肢を備えておくことが、企業の持続的成長には不可欠なのである。

第 5 章

自動車部品メーカーにとって勝負を分ける次の10年
～自ら針路を定め進むとき～

05

　自動車業界を取り巻く変化は、自動車メーカーのみならず産業バリューチェーン全体に影響を与える。特に自動車部品メーカーは、国内産業規模が自動車メーカーと比較しても大きく、その動向は無視できない。またCOVID-19の影響が今後数年でどこまで広がるのか、現時点で確かなことは言えないものの、すでに2018年3月期をピークとして収益の減少傾向がみられることから、足元では厳しい経営環境が続くと予想される（図1）。このまま市場の縮小圧力が続けば、規模や事業領域が限られる部品メーカーへのインパクトはより大きくなり、事業の将来性に疑問を持たれた企業は市場からの撤退を余儀なくされるだろう。

　以上を踏まえ、モビリティー革命が自動車部品メーカーに与える影響と、それに対して部品メーカーが今からなすべきことを論じたい。本章では、自動車部品メーカーの中でも、自動車

図1 **国内の自動車メーカーと部品メーカーの概況比較**

部品メーカーの業績悪化のインパクトは、自動車メーカーのそれを上回る。

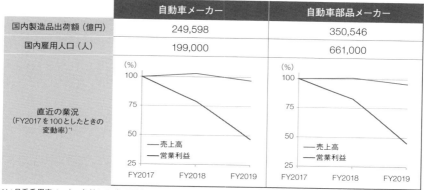

	自動車メーカー	自動車部品メーカー
国内製造品出荷額（億円）	249,598	350,546
国内雇用人口（人）	199,000	661,000

*1：日系乗用車メーカー各社および、日系部品メーカーのうち財務情報を公開しておりFY2017時点の事業者事業連結売上高が5000億円を超える各社の変動率を単純平均したもの

出所：日本自動車工業会、各社決算速報

メーカーと並んでグローバル展開しており、モビリティー革命の荒波を真っ先に受ける1次部品メーカー（ティア1）を中心とする大規模企業に焦点をおく。

　なお、「ティア1」の定義は必ずしも統一されていない。自動車業界においては一般的に、自動車メーカーに直接納入する自動車メーカー直下のレイヤー、すなわちティア（Tier）に位置する企業を指すが、こうした企業においても企業規模や事業態様は様々であり、一方で同一企業が複数のレイヤーに位置することも珍しくない。本章では、今後の自動車産業の変化の波を直接的にかぶるという観点で定義し、一般的には売上高の規模が数千億円以上の企業（自動車部品メーカー売上高上位100社程度）を想定して論じたい。

自動車部品メーカーが直面する課題とは

　自動車部品メーカーにとって、目下の事業環境は混沌としている。自動車業界全体を揺るがすモビリティー革命の到来に加え、主要な顧客であり多くの企業にとって株主でもある自動車メーカーの部品調達政策が大きく揺らいでいるからだ。部品メーカーに関する最近の主要なイベントを思い出しても、グループ企業同士の再編、ケイレツの解体、国内での独立系部品メーカーとの糾合、外国資本の招来、と一見するとそれぞれが相反する事象が起きているようにも見える。しかし、これらの背後には、おおむね以下に示す共通課題が存在する。

1. 事業維持コストの増大
　自動車メーカーに比べ相対的に企業規模で劣る多くの部品メーカーでは、CASE対応などにより研究開発費の増加が収益を上回る現象が続いている。大多数の部品メーカーにとって、「自社単独ではこれ以上の開発負担増に耐えられない」「肥大化したコスト体質により目下の急激な需要変化へ対応できない」、といった切羽詰まった状況が顕在化しつつあり、規模の経済を追求するための合従連衡や、事業の選択と集中により限られた経営資源を効率的に投下する動きを促している。

2. 自動車メーカー間の優勝劣敗と部品メーカーへの期待値変化
　これまでは自動車メーカーと部品メーカーの関係は、おおよ

そどの自動車メーカーをとっても既存取引のある「なじみ」の部品メーカーに仕様を出しコンペを経て発注することが一般的だったが、自動車メーカー間でも体力差が開いてくると、自動車メーカー側から部品メーカーに求めるものも変化してくる。「勝ち組」自動車メーカーであれば、強大な生産台数をてこに取引部品メーカーへの支配力を強め、規模や収益性に劣る自動車メーカーであれば、部品メーカーとの距離を置き、調達先の変更前提でベストディールを要求するだろう。あるいは後発組たる民族系やEV専門メーカーであれば、業界インサイダーとしての部品メーカーに、製品／生産技術面の指南やノウハウ提供を期待することになる。

3. 自動車業界における階層（ティア）の流動化

これまでの「完成車」「ティア1」「ティア2」等の階層構造から離れ、より完成車に近いモジュールを手掛ける「インテグレーター」や、自ら完成車の組み立てを手掛けるいわゆる「ティア0.5」企業が現れる。他方、ADAS領域や電池など自動車メーカーが自ら構成部品の開発（一部は生産）を手掛ける動きもある。将来的に、クルマの所有から利活用への動きが加速すれば、ハードウエアとしてのクルマの「ホワイトラベル化（ノンブランド化）」が起こり、部品メーカーが自動車メーカーを介さずにモビリティーサービス事業者へ直接クルマを提供する可能性もあり、部品メーカーの立ち位置が流動化している。

4. 部品間での格差拡大と付加価値の多様化

　第1章で述べた3つのトレンド「MX、EX、DX（3X）」の進展に伴い、3X実現のカギとなる部品は需要が伸びる一方、エンジン車（ICE）専用部品や電動化／電子化により代替される機構部品は、将来的に需要が減少する。さらに、部品の付加価値、すなわち自動車メーカーが支払う対価の基準も、3Xの進展に伴い変化する。個別部品でみれば、従来のQ（品質）、C（コスト）、D（納期）から「感性価値の提供」「廃車時の再生可能性」、ソフトウエアであれば「サイバー攻撃に対する防御能力」等へと広がる。企業単位でみれば、「サプライチェーン全般でのCO_2排出抑制」「進出国における従業員にとって働きがいのある雇用の創出」といった社会的責任を果たしていることも、株主をはじめとするステークホルダーの期待値である。これらを実現するための経営管理やコンプライアンス等、経営インフラへの投資も負担となる。

5. 右肩上がりの成長の終焉

　所有から利活用へのシフトにより、もし将来クルマのグローバル生産量がピークアウトすると、当然ながら自動車部品市場全体も縮小し、現時点ですでに十分な生産能力を抱えた既存プレーヤー間で縮小するパイを奪い合う世界となる。部品メーカーにとってこれが最大の試練だろう。結果として業界全体の再編に向けた圧力がかかることとなる。20年前に金融業界で「財閥の垣根」を超えたメガバンクが生まれ、その一方で多く

の中堅金融機関が破綻や海外事業からの撤退を余儀なくされたように、自動車業界でも「ケイレツの垣根」を超えた少数のグローバルプレーヤーと多数の専門領域特化型プレーヤーへの二極化が起きる、というのもありえない話ではない。ピークアウト自体はやや長期の予測であるが、足元のCOVID-19の影響がこれに相当する市場環境を作り出しており、こうした大規模再編が早まる可能性もある。

　各社の置かれた状況によりインパクトとタイミングは異なるものの、これだけの潮流が複合的に押し寄せるのだから、今後の部品メーカーの経営には、視界不良の中で極めて巧みな舵<ruby>舵<rt>かじ</rt></ruby>さばきが求められる。時に、自社単独での解決が困難な経営環境においては、自動車メーカーや金融機関といった経営に強い影響力を持つステークホルダーを起点とした、抜本的な経営改革が必要となるだろう。

部品メーカーの理想と現実

　前述を踏まえ、どう生き残っていくのか。実は多くの自動車部品メーカーにとってすでに「理想像」は見えている。端的には、欧州を本拠とするメガサプライヤーと呼ばれるグループ売上高が3兆円超の巨大企業（正確にはこれら企業が目指すところ）を、端的なロールモデルと考えている部品メーカーは少なくない。もっと単純に言えば、そのゴールはCASEに適応したクルマにとっての中核となる部品の独占的供給者になることで

ある。

　すなわち、自動運転、次世代エンジン、HMI（ヒューマン・マシン・インターフェース）などのコア技術を自ら開発のうえ、特許取得や当該分野の先端企業の買収などで技術の囲い込みを行うことで、大多数の自動車メーカーが自社製品を必要とする状況を作り出す。そして、グローバルでの生産供給体制を維持しこれらの需要を一気に取り込むことにより、莫大な売上高と高い収益性を堅持する。これをさらに研究開発費に充てることで技術や生産体制の優位性を高める、という好循環を実現し、さらには、部品供給者の立場に甘んずることなく、クルマの利活用シフトをにらみ自動車業界が共栄するためにモビリティーサービス事業者と連携しMaaS領域にも打って出る、という世界観である。すでに、Boschは、米国とメキシコでカープーリング事業を運営する米SPLTを買収しており、また同じドイツContinentalは、空いている駐車場へ案内できるアプリの実証実験を行うなど、部品メーカーが自動車メーカーを飛び越して直接モビリティーサービス業者としてのポジショニングを画策している事例をみることができる。

　こうしてみると、誰もがCASEのコアな機能を自社領域として取り込み、部品メーカーとしての覇権を握りたいと願うのが自然ではあるが、当然ながらこうした「覇者」になれるのはごく少数である。その座を得るためには莫大な経営体力と果敢なリスクテイクが求められる過酷な競争が待ちうけており、全ての部品メーカーがその参加資格を持つわけではない。また、部

品メーカーと自動車メーカーとの間では期待値のギャップが存在する。自動車メーカーから見れば、これから成長する領域については自動車メーカー自身が自ら開発や生産に関与するなど主導権を握り、部品メーカーに主導権を渡すのはそれ以外の領域としたいし、車両全体のコストを抑制したい手前、部品メーカーが自ら開発／生産する部品についてはコストを極限まで抑えたい、と考えるのが自然であろう。さらに自動車業界特有の部品供給責任も忘れてはならない。自社取扱製品がもうからなくなるからといって、自動車メーカーとの取引関係があるため簡単にはやめられない。たとえ事業を譲渡する先を見つけても、これまでと同様に部品が供給されるよう最後まで面倒はみてくれ、というのが、自動車メーカーの要求である。部品メーカーは、こうした理想と現実のギャップを踏まえて、活路を見いださなければならない。

　過去30年を振り返っても、部品メーカーは時代ごとの環境変化に応じその時々の主要な業界動向に対応した進化を遂げてきた。すなわち、1980年頃から「市場」という切り口で自動車メーカーの本格的な現地生産化にあわせ海外拠点を次々と増やしグローバルでの供給体制を整えていったし、1990年代後半からは「顧客」の多様化を目指して自動車メーカー間の合従連衡を契機としてケイレツの枠を超えて外資自動車メーカーをはじめとする新たな取引先を開拓していき、そして2000年代に入ってからは「製品」に注目し、電動化やモジュール化をキーワードに自社製品の在り方を見直してきた。その途上で貿

易摩擦、超円高、経済危機、自然災害など幾多の試練はあったが都度克服し、結果的に安定した成長を遂げてきた。

　しかし、小異こそあれ部品メーカーにとってある程度共通の経営課題が共有されていた過去と比べ、これから10年の見通しは、前述のような明確なトレンドで全ての部品メーカーを一括りにして語ることが難しくなっている。これまで論じてきたとおり、目下自動車業界を取り巻く環境変化には多種多様な要素があり、1つの事象が部品メーカーにより異なる効果をもたらすからだ。結果として、部品種類ごとに、今後の市場成長率が大きく異なるという現象が発生している（図2）。各社の置

図2 部品種類別の市場規模比較（2018年対2025年予測）
部品種類間で将来性の隔たりは極めて大きい。

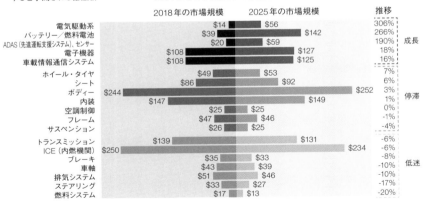

出所：デロイト トーマツ作成

かれた状況があまりに異なる現状では、もはや全部品メーカー共通の紋切り型のソリューションは存在し得ない。それゆえ、自社の置かれた状況と経営資源をベースに知恵を絞り、将来への成長の絵姿を描くことが一層大切だともいえる。

新たな試練の中で活路を見いだす

より現実的な変革（トランスフォーメーション）の方向性を考えてみよう。既述の通り、個社ごとに目指す方向性はユニークであるべきだが、その描き方は「基本戦略」「具体的な打ち手」「変革シナリオ」の3つの要素に整理できる（図3）。

図3 部品メーカーにおける変革（トランスフォーメーション）の考え方
現状認識から変革の実行に至るまで、3つのステップで将来への筋書きを立てる。

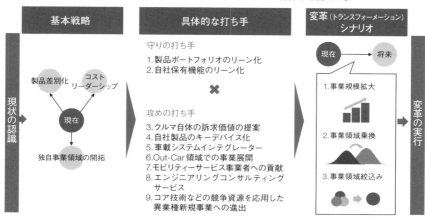

出所：デロイト トーマツ作成

基本戦略

　まず、いかに自動車業界の姿が変わろうとも、競争市場に身を置く企業が利潤をあげ事業を継続するための第一歩が、以下の３つの基本的な企業戦略である点に立ち返るべきである。

（1）製品やサービス自体の差別化
（2）コストリーダーシップ
（3）独自事業領域の開拓（いわゆるニッチ戦略）

　この中のいずれを自社製品／サービスの基本に据えるかを意識すべきである。一見すると当たり前にも聞こえるが、長年の事業遂行の中で、自社製品の位置づけが「どっちつかず」に陥っていないだろうか。

　ここで注意しなければいけないのは、日系自動車部品メーカーの強みである高品質がそのまま差別化には必ずしもつながらないことである。誰もが製品差別化を目指す必要はないし、目指すべきでもないということだ。特に成熟した部品セグメントであれば競合を超えた差別化による競争優位の獲得は投資対効果が見合わない可能性が高く、生き残り策として得策とは言い難い面がある。実際、近年Ｍ＆Ａにより急速に事業規模を拡大する部品メーカーでは、日系部品メーカーとしての高性能を自社の競争優位性の一つであることを自覚しつつも、これからの勝ち残りの要件は絶対的な事業規模の拡大によるコスト優位性の実現であると断言している例もある。一方で、車体ボ

ディー用の炭素繊維など技術的に発展途上のセグメントであれ
ば、研究開発費を投下することで他社に優越した性能を訴求す
ることが可能となろう。

9つの打ち手

こうして、自社の基本的な方向性を定め、それに沿って自動
車部品メーカーに求められる、より具体的な事業戦略（＝打ち
手）を導出していく。自社製品の市場環境と上述の基本戦略の
組み合わせで打ち手は数多く考えられるが、ここでは端的に以
下の9つを「守り」と「攻め」に分けて挙げてみたい。各社と
もまず「守り」の打ち手で投資原資を確保したうえで、将来の
事業領域の創出に向け「攻め」る、というように、複数の組み
合わせ方を想像力たくましく描くことが求められる。

「守り」の打ち手

主にコストを削減して収益性を高める。後述の「攻め」の打
ち手を実行するための原資を確保するためにも重要である。

①製品／サービスポートフォリオのリーン化

事業規模に比して多すぎる製品数やサービスメニューを減ら
す活動（小ロット生産製品の撤退やカスタマイズ製品の標準
化）、同業他社との相互供給など、売上高に比べ固定費率が高
い「非効率」な事業活動を減らす。

部品メーカーでも、Boschの48V電池や「eAxle」のように標準化設計により様々な車種に取り付け可能な仕様にしているものがあるが、これまでは自動車メーカーのプラットフォーム数の多さによる制約が大きく、部品メーカー個社の努力では限界があった。今後、自動車メーカー自体が3Xを踏まえプラットフォームの共通化や部品点数の低減を図る中で、一定の数量を保証する見返りに単価低減目標の合意を行う「一括購買」などの取り組みに参画することで、自動車メーカーとのWin-Winによるリーン化を推進することが可能であろう。

②自社保有機能のリーン化

　部品メーカーに限らず自動車業界では、バリューチェーンのフルライン装備、すなわち開発から調達、生産、輸送、納品に至る一連の機能を全て自前で備え一体運営することで、事業の効率性を高めたり納期や品質の要求に応えたりすることを事業モデルの基本としてきた。自社保有機能のリーン化は、この常識を見直し、バリューチェーン上の注力する機能と縮小する機能のメリハリをつける、同業他社との共同購買を行う、開発サービス会社を設立し機能の外販を行う、などの活動である。DXによる商談情報の一元管理と見積／納期回答の迅速化、商品開発から量産開始までの期間短縮と省力化、及び生産／在庫拠点の最適配置やIoT活用による製品不良リスクの事前検知と予防的対応など、近年の情報技術の進化を活用した様々な施策が考えられる。

「攻め」の打ち手

　主に新しい稼ぎ方を追求する打ち手である。製品やサービス内容を見直すことで、新たな付加価値を開発する試みである。

③クルマ単位での訴求価値の提案

　自動車メーカーがCASE対応にその経営資源を注力せざるを得ない状況を踏まえ、耐久消費財としてのブランド価値や感性価値の領域で自動車メーカーを補完しクルマ全体を対象とした価値提案を行う。最も有望な領域は自動運転を想定した内装、シート、車載インフォテインメント（IVI）の一括企画であろう。自動車メーカーによる限定的な取り組みとしてはイタリアFIATと同国アパレルのGucciや、Volkswagen傘下のイタリアBugattiとフランスHermesのコラボレーションなどがある。部品メーカーでは、カーオーディオ分野で自動車メーカーが米Boseや、韓国Samsung Electronics系の米Harman Kardonを自社モデルのブランド価値向上に活用する例がある一方、いまだ部品メーカー自体のブランドをクルマ全体の訴求価値向上に結び付けている例は多くない。快適さ、便利さなどの感性価値と自動車ならではの安全性などの要求を同時に満たす唯一の存在として部品メーカーの存在感をアピールすることが可能であろう。

④自社製品のキーデバイス化

　今後クルマの基幹部品として高成長が見込まれる部品を見極

めたうえで、オーガニック（社内開発）やノンオーガニック（企業や事業の買収）の手段で自社製品として取り込む活動である。クルマの競争力の源泉となるコネクテッドのTCU、自動運転／ADASのカメラやLiDAR、シェアリングのスマートキー、電動車の電池といったキーデバイスが考えられる。

　CASEのキーデバイスを部品メーカーが開発、生産し、自動車メーカーに採用される事例は多くあり、例えば、韓国LG ElectronicsのTCUはGeneral Motors等に、Continentalのミリ波レーダーはVolkeswagen等に、中国CATL（寧徳時代新能源科技）の電池はドイツBMWに採用されている。またシェアリング向けスマートキーは採用例こそ少ないが、技術を持つスタートアップの買収や、自社開発等の動きがみられる。

⑤車載システムインテグレーター

　クルマにおける自動運転／ADASや電動化が進展する過程で、EV用機電一体パワートレーン（インバーター、モーター、ギア）のように、ソフトウエアとハードウエアを部品設計段階から統合してシステム化する。これにより性能的にもコスト的にも効率が良い製品が開発できる可能性がある。前述のBoschのeAxleのようにモーター、トランスミッション、インバーターが一体となり、かつギアの制御といったシステム面も押さえた製品が出てきている。一方、Volkswagenがソフトとハードを分割発注する動きを見せている等、自動車メーカーにより対応は異なるため注意が必要である。

⑥ Out-Car領域での事業展開

　自動車部品メーカー自体が個々のクルマ内に閉じたIn-Car領域での機能の提供にとどまらず、クラウドなどの情報プラットフォーム、インフォテインメントなどの車外コンテンツの提供サービス、交通システムなどの社会インフラといったOut-Car領域で貢献する。

　総合電機メーカーやBoschなどがIoTプラットフォームを運用するとともに、一部でAIを活用した物流の運行管理最適化の提供が始まっている。また、自動車メーカーとの密接な連携を前提とするものではあるが、自社製品の遠隔更新機能（OTA）も検討の余地がある。

⑦ モビリティーサービス事業者への貢献

　前述の自動車業界の階層構造の流動化を踏まえ、部品メーカー自ら自動車バリューチェーン下流に位置するモビリティーサービス事業者から自社製品のフィードバックを受け、ニーズに適合した部品の提供や、モビリティーサービス事業者にとって手間がかかる部品交換やメンテナンスなどのフィジカルサービス領域での貢献を狙う。

　この領域で示唆となる事例としては、ドイツHellaの発表したセンサーがある。この製品は、車体が受けた振動を検知し、カーシェアリング業など所有者が頻繁に変わるケースにおいて、どこでいつ損傷が発生し、誰がその責任を負っているかを特定するソリューションとなり得るものとして期待される。

⑧エンジニアリング・コンサルティング・サービス

　従来の自ら設計して自ら作るという事業モデルを見直し、これまで自社製品専用であった開発／設計業務を外部販売する。前述したように、部品メーカーの研究開発費用の負担は年を追うごとに重くなっていることから、こうした業務の費用負担を社外に分散する形となり、また電子機器産業におけるファブレス化と同じ文脈で捉えることも可能である。すなわち装置産業として生産拠点や製造設備の償却費や労務費等ランニングコストの重い生産事業から、より少ない投下資本で事業を営むことができる上流工程へ経営資源の軸足を移すのである。

　部品メーカーでは、日系企業においてもEMC試験を受託する関係会社を一部グループ外に開放するなどの動きがあるが、本格的な取り組みはこれからといえる。

⑨コア技術などの競争資源を応用した異業種新規事業への進出

　自社の強みやコア技術を掘り下げ、新車市場が鈍化する自動車業界から他業界への進出を図り、事業ポートフォリオの分散と適正な事業規模の維持を図る。以前から、多くの部品メーカーは精密加工、鍛鋳造、油圧といったコア技術を応用した事業多角化を行っていたが、今後は製造事業での他業界展開に加え、自社保有競争資源の視点を変えてモビリティーに親和性のある旅行や観光等のホスピタリティー事業や、移動、身体動作に関連する技術ニーズが存在する介護などのサービス事業、あるいは余剰生産設備を活用した電子業界におけるEMSのよう

な事業に進出する戦略もありうる。

変革シナリオの確立

　これら打ち手をどのように選択し、組み合わせ、実際に行動を起こすための変革シナリオとして形にしていくのか。個別製品の置かれた状況に照らしてみると、市場の成長はコモディティー化が予想される製品ではあくまでも③や④で付加価値を高めることを試みる、製品自体の将来性は高いが強力な競合企業がいる場合は⑤や⑥で戦うフィールドを変えた上で⑦で他社と組むことでパワーバランスの均衡を図る、あるいは市場規模の縮小が見込まれる場合は⑧や⑨のように大胆に事業領域を変えていくような打ち手を選んでいく、といった選択肢が考えうる。むろん自社の置かれた環境や競合の動向に応じ、打ち手が変わってくることは言うまでもないし、当然ながら上記以外の打ち手も考えうる。いずれにせよ、自社の経営環境と自社の基本戦略に合致していれば、個々の打ち手が汎用的なものであっても、でき上がったシナリオは唯一無比となりうる。以下、こうしたシナリオの3つの類型を示してみたい。

1. 事業規模拡大シナリオ

　現在の取扱製品におけるグローバルトップ企業になる。同業他社をM＆Aでのみ込んでいく、ないしは圧倒的な技術力かコスト競争力をもって他社シェアを削っていく。製品サイクル

の長い自動車業界においては、ほとんどの部品セグメントにおいて事業買収を伴わない自律的な事業拡大でシェアを大幅に高めることは困難であり、そのため同業間でのM＆Aや事業譲渡は盛んに行われている。

2. 事業領域乗り換えシナリオ

　現在の取扱製品の一部ないしは全部を縮小、撤退する前提で、今後有望な製品やサービスを開発もしくは事業買収し、徐々に事業領域を有望領域へシフトしていく。古くはカナダMagna Internationalが板金メーカーからスタートし、外装、シャシー、パワートレーン、完成車組立、自動運転領域を含む総合部品メーカーに成長した例、スウェーデンAutolivがパッシブセーフティー領域からアクティブセーフティー領域にシフトしていった例が「変身巧者」として有名である。

3. 事業領域絞り込みシナリオ

　今の取扱製品のうち有望な製品を特定し、組織／体制をスリム化して得意領域で圧倒的優位を確立する。代表的な例としては、かつてGeneral Motorsのメガサプライヤーであった米DelphiがChapter 11申請後の再成長を遂げる過程で熱交換器やパワートレーン等の既存事業の多くをスピンオフしたうえ、電装および電子部品領域に特化する部品メーカーとして生まれ変わった米Aptivが挙げられる。

変革シナリオの描き方

3つの仮想事例で実際のシナリオを立ててみる。

仮想事例1. エンジン部品メーカー「Magic Engine」社

同社はコンベンショナルな内燃機関エンジン（ICE）部品専業メーカーであり、成り行き予測では市場の縮小と単価下落により5年後をピークに売上高が減少に転じ、これにより事業維持に必要なコストを賄うことが厳しくなる結果、10年後に営業利益がほぼゼロに落ち込むと見込んでいる。これに対し同社は3つの変革シナリオのオプションを描いた。

①事業規模拡大シナリオ

ICEが長期的な縮小傾向にあるものの、引き続き新興国を中心に市場が維持でき、かつMagic Engineの主力事業であり現在の競合優位性を有効活用すべきだという認識のもと、自社製品領域における最終勝者となるべく、同業他社を買収し、市場シェア第1位を目指す。

②事業領域乗り換えシナリオ

現状、自社製品は安定した収益を生み出しており、投資余力があるうちに、将来の新たな収益の源泉として投資すべき事業を検討する。具体的な事業の選定にあたっては、ICEの市場規模縮小を打ち消す関係にあること、時間軸としてICE市場の縮

小に間に合う事業拡大のペースが期待できること、将来的に既存事業を代替する規模を確保できること、を考慮した。その結果、EV用駆動装置領域に打って出ることを決め、具体的な買収事業候補を選定のうえ、いまから4年後をめどに参入を図るシナリオを描いた。

③事業領域絞り込みシナリオ

不確実性の高い拡大路線を指向するより、既存事業の効率化を徹底し、これまで長年にわたり蓄積された投下資本から最大限の収穫を目指す。このため、コスト削減とあわせ業務改革への積極的な投資を行うことで事業のあらゆるムダを取り除き、スリムな事業体制を実現する「守り」の打ち手を駆使することとした。

図4 「Magic Engine」社変革シナリオの財務シミュレーション

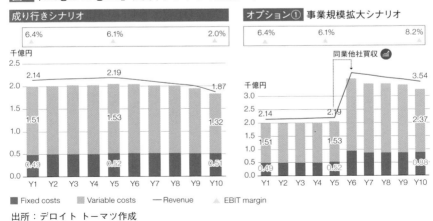

出所：デロイト トーマツ作成

結論：

　前述3オプションはそれぞれ将来の財務シミュレーション（図4）によって比較され、結果として10年後の売上高増加は限定的だが収益性が最も高い②のシナリオを採用することとした。前述検討におけるポイントは、現在のMagic Engineの置かれた状況、すなわち比較的安定した市場環境で収益も確保されているという事実を起点に、向こう何年間に何をすべきか考える（Forecasting）のではなく、10年後という具体的な将来時点の市場予測をもとに、現在しなければいけないことを逆算する（Backcasting）ことであり、そのための原資が検討期間を通じ確保されることを確認することである。

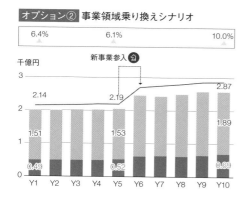

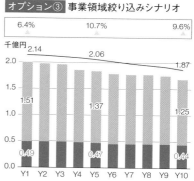

仮想事例2. 電気／電子部品メーカー「Power Inc.」社

　同社は電子部品（売上高の6割）および空調装置（売上高の4割）を手掛ける部品メーカーであり、両セグメントとも市場自体は拡大基調にある一方、技術革新には乏しく典型的なコモディティー化が進む領域と認識している。電子部品セグメントは相対的に収益性が高いものの、業界トレンドとしては今後新興国への生産シフトや新興国メーカー台頭により価格低下が進むと予想される。一方、空調装置は事業投資も一段落しており、工場稼働率も高いなど同社のキャッシュカウとして存在感を発揮するが、すでに業界全体で価格低下トレンドが継続しており、将来的にコスト削減が追い付かなくなるリスクを認識している。これらを踏まえ、Power Inc.では、向こう10年の事

図5「Power Inc.」社変革シナリオの財務シミュレーション

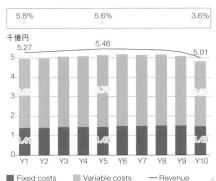

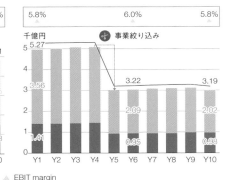

出所：デロイト トーマツ作成

業収益性の改善を最大の目標と定め、2つの変革シナリオを描いた。

①事業領域絞り込みシナリオ

　まず、同社主力事業の1つである空調部門を売却し、電子部品領域に特化することとした。この判断の合理的根拠は、同社が伝統的に製品自体の差別化を自社戦略の中心と定めていたことである。他社と比較し高水準の研究開発費により価格下落のトレンドから距離を置いていたが、空調製品においては技術的革新の余地が狭まり、いよいよ他社と同じ価格競争に巻き込まれることが避けられない状況を予想し、自社の基本戦略と整合しないという認識を持つに至った。

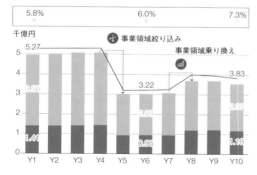

オプション② 事業領域絞り込みシナリオ、及び
事業領域乗り換えシナリオの組み合わせ

②事業領域乗り換えシナリオ

　自社を製品差別化プレーヤーと位置付け、既存の電子部品事業に加えた第2の柱として、ADAS／センサー事業への参入を図ることとした。電子部品事業との親和性を考慮の上、「攻め」の打ち手としてコックピット周りのインテグレーターとしてのポジション確立の意志を示すものである。

結論：

　両シナリオとも採用し、①にて原資を確保したうえ、②を実行することとした。ポイントとしては、一貫して事業収益性の向上を優先する姿勢を保持することである。空調事業の売却については、M＆A市場動向調査の結果、空調事業の売却価格はPower Inc.の希望を下回る水準が予想されるが、上述の収益性改善に資するものとして実施のゴーサインを出し、残された電子部品についても今後コモディティー化が進み収益性の低下が予測されることから、新たに事業の付加価値性を高める事業の獲得は不可欠との結論に至ったことである。結果として、収益性を改善するシナリオを描くことができた（図5）。

仮想事例3. 精密機構部品メーカー「TransGear」社

　同社はコンベンショナルエンジン用トランスミッションを手掛ける専業メーカーであり、小規模ながら高い技術力を自社の付加価値の源泉と認識していた。生産は国内に集約し、主要顧客は長らく自動車メーカー1社である。しかしながら、同製品

セグメントの先行きは厳しく、顧客自動車メーカーが今後EV
へのシフトを明言する中、10年後には早くも総費用が売上高
を上回り営業赤字の状況に陥ることが予想された。これに対し
同社は2つの変革シナリオを描いた。

①事業規模拡大シナリオ1（地域多様化）

　売上高を拡大し将来にわたり損益分岐点を超える事業規模を
保つことが最優先であるとの認識のもと、これまでの国内生産
集約の方針を転換して海外生産拠点を設立し、これまで顧客自
動車メーカー進出各地域の現地企業にライセンス供与していた
ものを、直接生産に乗り出すこととした。中国を進出先として
特定し、顧客自動車メーカーのバックアップのもと、取引金融
機関からの信用供与を受けるめどをつけた。

②事業規模拡大シナリオ2（顧客多様化）

　進出地域である中国でのフットプリントを活用し、さらなる
事業拡大を図るため、同地域における同業企業を買収すること
とした。特に地場企業の持つ現地顧客リレーションや現地調達
ネットワークの活用をもくろむ。TransGearにとっては①に続
く大きな投資となるが、勝負時と捉え、財務レバレッジが高ま
ることをいとわず大規模な資金調達を実行することとした。

結論：

　本事例では、①のシナリオをベースに、②のシナリオを新た

に策定する考え方を採っている。前述のような大規模な投資活動には合理的な資金調達戦略が欠かせない。一方で昨今は資金調達手段の多様化も進んでおり、プライベートエクイティーの活用やIPO、公募ないしは私募増資による財務レバレッジ上昇の抑制も検討することが可能である。その際、信用供与先に対しては当該投資により「市場平均を上回るリターン」が得られるか、につき合理的な説明ができることが重要となる（図6）。

以上、3つの異なる変革シナリオを検証してみた。こうした変革を進めるうえでは自社の従業員や顧客、調達先、金融機関、監督当局をはじめ多岐にわたるステークホルダーに協力を仰ぐ必要があり、共通の課題認識の下で自社の意思を明確に伝えるためには、自社の方向性や打ち手を明確な時間軸の中で具体的な数値で表現することが重要であることがお分かりいただ

図6 「TransGear」社変革シナリオの財務シミュレーション

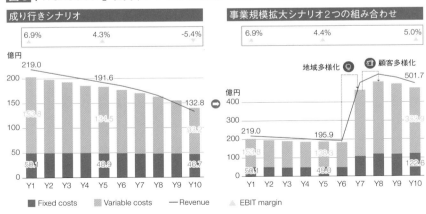

出所：デロイト トーマツ作成

けたかと思う。

実行時に直面するジレンマを解消するには

　最後に、自動車部品メーカー特有の難しさとして、こうした
変革を実行するにあたって想定される典型的なジレンマと、そ
の対処方法についても触れてみたい。

1. 事業分離のジレンマ

　自社事業を成長領域へシフトさせる際、最も難しい決断は、
既存事業の分離譲渡（スピンオフ）であろう。先述の自動車
メーカーへの供給責任に加え、従業員の処遇、失われる売上高
や収益（黒字事業の場合）の補充といった問題が山積してい
る。特に自動車業界の経済規模に鑑みると、次世代の屋台骨と
なるべき他業態での新規事業は、相対的に売上高や営業利益額
において劣ることが想像される。かといって、手をこまぬいて
いるうちに当該事業の収益性は徐々に低下し、いざ譲渡を決断
するまでに事業価値が毀損していたり、従業員の雇用に自ら手
を付けざるを得ないこともありうる。

　こうした状況を踏まえ、経営判断を誤らないためになすべき
ことをいくつか挙げておきたい。

　まず、事業部間の独立性を高めることである。もともと、自
動車部品メーカーは主要顧客が自動車メーカーに限られている
ことや、一時期モジュール化のトレンドのもと、自社製品間の

相互依存関係を高める動きが活発だったこともあり、事業部、特に製品セグメント間の独立性が低い傾向にある。グループ経営上、事業部制を敷いても、海外拠点では地域単位での経営管理を行う部品メーカーは数多い。グローバルで事業単位での事業運営を可能とするため、財務管理、人財、無形資産、インフラ（ITシステムなど）などの帰属事業を明確にすることで、企業組織としての収益責任の帰属、独立組織としての稼ぐ力の可視化、ヒトモノカネという経営資源の最適配賦が可能となり、単独事業体として雇用維持やキャッシュフロー生成など「生存能力」を高めることになる。

　また、様々な事業再編オプションを客観的に評価し外部ステークホルダーとのコミュニケーションを円滑に図るため、常に具体的な財務数値に落とし込むことも挙げておきたい。これまで述べてきたように、既存事業のスピンオフと新規事業の獲得を伴う変革においては、その移行過程において自社経営資源（コストセンターである本社機能やサプライチェーン）を維持する資金を確保できることや変革後の収益性が事業変革を正当化できることを示す必要がある。これらは、具体的な数値に落とし込むことで初めて説得力を持つものである。

　前項でみたような、単なる新規事業の追加に留まらず既存事業から新規事業への乗り換えを実現した事例は部品メーカーではまだ少ないが、他業態では、写真用フィルムからドキュメントソリューションや医薬品、美容品に大胆な市場転換を遂げた富士フイルムを代表例として製造業においても成功例を見いだ

すことができる。同社は、いったんのトップライン縮小は是として、最終的な企業価値向上をゴールに変革を断行し、これは株式市場でも好意的に受け止められた。部品メーカーにとっても大いに示唆に富むといえる。

　こうした取り組みにおいては、第3章で述べたような「DX」を活用したバリューチェーン全体の業務改善、換言すれば経営資源の高度な効率化、標準化と部門間での需要変動に応じた経営資源の機動的配賦が大きなイネーブラーとなるだろう。

2. 顧客関係のジレンマ

　これまでの安定的な外部関係を見直していく過程では、顧客自動車メーカーのニーズに一部応えられないことになったり、一方競合他社と共同購買や共通規格などで連携したり、目的を異にする異業種プレーヤーと協業するなど、いわゆる「フレネミー」の関係が否応なしに出現することになる。顧客数が限定される部品メーカーにとっては、特に既存顧客である自動車メーカーとの関係にネガティブな影響を与えることは最も恐れることであり、そのためにはあまり目立つ「外交活動」は取りづらいという面もあろう。

　一方で、自動車メーカー側も部品メーカーとの関係を見直していることも事実である。自動車メーカーをよく知っている、困難な要求を受け入れられる、といったファクターでは新規受注は保証されず、納入する製品としての競争優位性が問われる時代が到来している。また自動車メーカーが一方的に部品メー

カーを選ぶ時代は終わりを告げ、部品メーカー側にも今後新しい取引先の選択肢は増えてくるであろう。こうした状況を踏まえると、部品メーカーから、今まで自然に付き合ってきた関係を明示的に再定義し、自動車メーカーに直接的に要求されるものに縛られず、真に期待するものを理解した上でのしたたかな提案や交渉を行うことが必要になってくるだろう。

　ただし、同時にこれまで自動車メーカーから暗黙裡に享受してきた様々な便宜を含めて見直す覚悟が求められよう。具体的には、品質向上、人財供給、財務支援、海外進出にあたってのサポート活動等について、享受される便宜とその対価の関係を明確にすることが求められる。

　こうした取り組みにあたっては、自動車メーカーとの関係を1対1ではなく「MX」や「EX」の枠組みと大きく捉え、例えば第4章で述べたCEの文脈における自社製品やサービスの在り方を捉え直し、再生品を自社バリューチェーンに取り込むなどの検討が、顧客との関係定義に新たなヒントを与えてくれる。

3. 企業風土のジレンマ

　部品メーカー内部に目を転じてみると、今後、事業の変革に伴う既存事業と新規事業間での衝突は避けて通れない。企業を変革させるためには、新規事業を自社の事業ポートフォリオとして加えるだけでなく、新規事業の持つ知的財産や生産方式、業務プロセス、あるいは人財育成や業績評価方法などのソフトスキルもあわせて取り入れるべきことは言をまたない。一方、

既存の技術やスキルも自社の強みとして残すべきところは継承していく必要があり、両者の優れた面を残しつつ融合を図る「企業風土の改革」という困難な課題に遭遇することとなる。これは、新規事業への進出でなくとも、例えば外資系企業と合従連衡した企業などでも経験されているところであろう。

　本件が引き続き難易度の高いテーマであることは変わりない。しかしながら、企業組織の変革や、いわゆる企業買収後の統合作業（PMI）については、既に様々な外部サポートサービスが一般化してきており、加えて、過去10年を振り返ると、情報技術を活用した遠隔地コミュニケーション手段の多様化、若手社員の文化多様性（Diversity）へのリテラシー向上、人財の流動化が進むことによる変革経験者の招へい機会の増加、など多くの明るい材料が随所で芽を出していることを挙げておきたい。大量採用世代の退職とともに、少子高齢化の進展により国内人財の安定供給が現実的ではなくなってくることを踏まえると、2030年に向け世代交代に合わせた、新しいグローバルに開かれた企業風土を築いていくタイミングを迎えているとも言えそうだ。

　これらを散発的、自然発生的な事象に終わらせず、企業風土を積極的に改革する仕組みづくりこそが、経営者として手掛けるべきことであろう。これは従業員を「均質的な価値観や考え方に染め上げる」という話ではなく、一人ひとりが会社の目指す姿と核となる指針を理解し、その実現に向けて主体的に思考／行動できるようにすることであり、自社企業風土を読み解

き、施策を展開、浸透させる息の長い取り組みを続ける必要が
ある。

　冒頭に述べた通り、現在の自動車部品メーカーは市場規模の
縮小や収益力の低下と、自動車メーカー各社で異なる部品メー
カー政策により、混沌とした事業環境にある。こうした中、市
場の目はこれまでの3〜5年スパンの「想定可能な」中期経営
計画期間での事業見通しには満足せず、10年単位の長期的な
視点での事業継続能力の有無に関心を寄せている。それは部品
メーカーにとって、これまでなかなか踏み切れなかった長期の
方向性について検討を進めるきっかけともなるだろう。

　さらに、モビリティー革命の持つ影響力に比し、個別企業単
位でできることには限りがある。マクロでは外部関係者との協
業という観点、ミクロでは事業や製品／サービス単位での競争
力という観点から、「自社」という概念にこだわらない打ち手
を検討することが求められる。

　自動車メーカーに比べ経営上の制約の多い部品メーカーでは
あるが、それだけに、より自社ならではのユニークさを発揮す
る機会でもある。制約あればこそ良い戦略を描き実行する意義
がある、と捉えることもできよう。

　部品メーカーにとって2020年がこうした取り組みをスター
トする「変革元年」となり、産業界全体に大きなインパクトを
与える部品メーカーならではの存在感を発揮し、自動車業界全
体が激しい環境変化を果敢に乗り切っていく原動力となること
を願ってやまない。

第 6 章

戦わずに共生する
中小規模
部品メーカーの
生存戦略

06

　自動車メーカーあるいは大手部品メーカーに製品を供給している中小部品メーカーの方々が肌で感じているのは、人件費などの固定費の増大にも関わらず、伸び悩む部品単価ではないだろうか。自動車メーカーや大手部品メーカーの中でいわゆるCASE領域への投資が加速すると、必然的に構成や原理に変化がない部品へのコストダウン圧力が上昇していくのは、前章にて提示した通りである。また内燃機関に固有の部品を例にとると、EVを主とする電動化により、出荷量が2030年で1割前後減少する可能性があり、償却台数の減少は利益率の低下につながる。

　部品1つとっても利益が減少しがちな状況の中で、さらに日系の部品メーカーの事業環境が悪化する原因の1つに、新興国部品メーカーの台頭がある。日系自動車メーカーの中には、中国系部品メーカーの技術者の潤沢な人数と技術を吸収するモチ

ベーションの高さを目の当たりにし、技術／品質面で数年以内に日系をキャッチアップしてくるとの見方もある。

　そして新型コロナ禍による受注減少が追い打ちをかける。2020年7月時点での英IHS Markitによる試算では、2019年比でグローバルの生産台数は約2000万台の減少、日本においては20％弱の販売台数の減少とも言われている。中小規模の部品メーカーや、生産技術面に重きを置く、いわゆる賃加工の事業者にとっては、まさに事業を継続してよいかどうかの岐路に立っているといっても過言ではないだろう。

　本章では、第5章で取り上げた大手部品メーカーとは経営基盤も資本体力も異なる中小規模の自動車部品メーカーに焦点を当て、いかにして事業を継続していくかを考えたい。

中小企業大国ドイツの先行事例に学ぶ

　暗雲垂れ込める事業環境の中で、中小規模の事業者はどのような方向に進むべきか。日本同様に中小企業大国であるドイツにその答えを見いだすのが一案ではないだろうか。

　2011年、いち早く官民連携による製造業のデジタル化を目指すコンセプト「Industry4.0」を提唱したドイツでは、地域ごとに産業クラスターと呼ばれる中堅中小企業、ベンチャー企業、大学、研究機関等の産業集積が進んでいる。Industry4.0の中心地とも言われるNRW（Nordrhein-Westfalen）州OWL（Ost Westfalen Lippe）地域の産業クラスター「it's OWL（Intelligent

Technical Systems Ost Westfalen Lippe）」には、200以上の企業や研究機関が参画し、製品の企画／開発から製造販売、サービスまで、バリューチェーン全体のデジタル化を、協調領域の水平分業によっていち早く実現しようとする取り組みが活発である。よって以降では日本の中小規模の事業者生存の参考とすべく、it's OWLの取り組みを企画／開発、製造、販売とサービスの3つで区切り、それぞれの詳細取り組みを説明したい（図1）。

①製品の企画／開発におけるAI活用

　製品の企画／開発では、AIを活用した設計手法を共同で開発しAIマーケットプレイスとして参画企業で共有できるような仕組み作りが進んでいる。この取り組みは、AIを導入するリソースや専門知識が不足している中小企業に対して、4つのステップで機能を拡張しながら各種サービスを提供している（図2）。

　1つめのステップは、中小企業とAIソリューションプロバイダーとのマッチングプラットフォームの提供である。これはit's OWLに登録されている企業とAIソリューションプロバイダーのマッチングを自動的に行える機能で、各プロバイダーの保有技術や強みといったプロファイルが一元管理され、企業は各種プロバイダーを活用してどのようなことができるのか比較検討できるようになっている。これにより、企業がやりたいことに対して適切なプロバイダーを容易に選択可能となる。既に

図1 it's OWLの概要

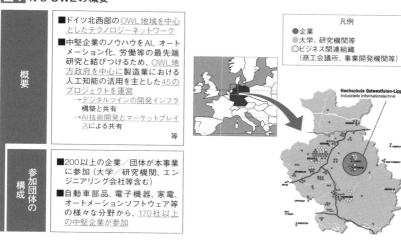

出所：it's OWLウェブサイト

図2 it's OWLにおける企画／開発領域の取り組み事例

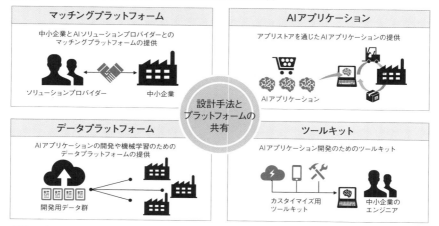

出所：デロイト トーマツ作成

このマッチングプラットフォームを活用して、国際的な農業機械メーカーであるドイツCLAASは、CADデータをAIで分析、データベース化し、設計データの再利用性を向上させる取り組みを実施している。

　2つめは、AIアプリケーションの開発や機械学習のためのデータプラットフォームの提供である。より実用的なAIを実装する上で、機械学習は非常に重要な要素である一方で、そのための信頼性の高い訓練データが不足していることが課題として存在している。そこで、it's OWLへ参画する各種研究機関や企業からのデータを集約し、かつAIマーケットプレイス運営チームで集約したデータの構造や一貫性を検査／最適化した上で、信頼性の高いデータとして提供を行っている。これにより、企業は透明性のある高品質なデータを利用でき、AIアプリケーションの開発時はもちろんのこと、顧客のニーズに合わせて継続的に改善を実施することが可能となる。

　3つめは、アプリストアとしてのAIアプリケーションの提供である。現時点はまだ運用が始まっておらず、今後拡張が予定されている機能となるが、企業がすぐに具体的なAIソリューションを利用できるようになる。提供されるAIアプリケーションは、製品開発支援だけでなく、工場内の生産性分析といった製造領域まで幅広く展開される予定である。既にいくつかのAIアプリケーション開発が進んでおり、例えばドイツ・ベルリンを拠点とするUbermetrics Technologiesは、新製品の開発者に対して既存製品の市場評価を抽出／分析し要件として

フィードバックするソリューションを開発している。これはテキストデータといった非構造データのAIによる抽出／解析技術が基礎となっており、企業に寄せられる苦情メールやサービスレポート、苦情レポートといった内容から、特定の製品を抽出、苦情内容の分析を行うことで、どのような特徴のある製品に顧客不満を引き起こす要素があるのか、どのような製品に競争力があるのかを新製品開発の要件として把握可能となる。また製造領域においては、同じくドイツ・ベルリンを拠点とする自動車組み込みソフトウエアベンダーのHELLA Aglaia Mobile Visionが自動運転車向けのカメラデータ解析アルゴリズムを活用し、工場生産技術に転用可能なビデオデータの自動ラベル付けソリューションを開発中である。このAIアプリケーションを活用することで、企業は工場生産プロセスの監視や製品の品質保証の自動化を実現することが可能となる。このように、すぐに実践に活用可能なAIアプリケーションが提供されることで、中小企業におけるAI活用がより進むと想定される。

　最後の4つめは、AIアプリケーション開発のためのツールキットだ。3つめのステップで提供されるAIアプリケーションは、あくまでも特定の分野や特定の処理に限定された形で提供され、企業ごとに必要なカスタマイズに関しては、AIアプリケーションプロバイダーが再度構築する必要がある。またパッケージ化されたアプリケーションは、細かな変更や改善を加えるにしても都度プロバイダーを頼るしかなく、継続してAIを活用していくには有用性に欠ける。それを解決できるの

が、AIアプリケーション開発のツールキットの提供だ。この
キット上で標準化されたシンプルなAI機能ブロックを企業が
プラグ＆プレイの形で自由にカスタマイズでき、AIアプリケー
ションプロバイダーに委託することなく自社のシステムに導入
することが可能となる。

　以上のように、AIマーケットプレイスが構築するエコシス
テムの中で企業が容易にAIを導入できることで、マスカス
タマイズが進展し設計工数が膨張する中で、設計効率を落と
さずに対応できる。また、モデルベース開発（Model Based
Development：MBD）を志向する企業向けにデジタルツイン
作成のインフラストラクチャーを構築して共有する取り組みも
存在している。自動車メーカーにおいても、クルマ1台分のモ
デルを作成し、開発期間を大幅に短縮する動きがあるが、中小
規模の自動車部品メーカーも例外ではなく、MBDを活用した
開発効率化やモデルを顧客に提供することで付加価値とするこ
とも可能と考えられる。

②製造領域での最先端研究活用

　中核である製造領域では、FAやIoTの導入に向けて、生産
管理用ソフトウエアやエネルギー監視用システム、予測メンテ
ナンス、予測品質、状態監視等のAIを活用したオートメーショ
ンプラットフォームの共同開発と共有がなされている。特に、
各種研究機関や大学等の最先端研究の成果を中小企業に提供す
ることを目的としてTechnology Transfer Project（技術移転

プロジェクト）と呼ばれる活動が展開されており、it's OWLの特徴的な強みであるとされている。2014年から始まった本プロジェクトは、Self-Optimization（自己最適化）、Human-Machine Interaction（人と機械の相互作用）、Intelligent Networking（インテリジェントネットワーキング）、Energy Efficiency（エネルギー効率）、System Engineering（システムエンジニアリング）の5つの分野で中小企業への技術移転を実施している（図3）。

Self-Optimization（自己最適化）では、ドイツHeinz Nixdorf研究所が中心となり、工場設備が都度変化する動作条件に自律的に対応することを目指し、高度制御や数学的最適化、機械学習などの自己最適化の研究開発を行っている。この成果は、自

図3 it's OWLにおける製造及び販売／サービスの取り組み事例

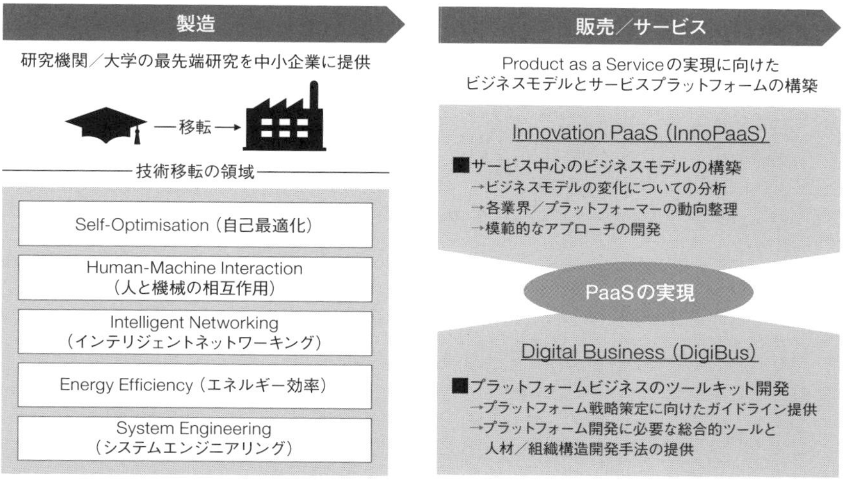

出所：デロイト トーマツ作成

己最適化ソリューションとしてデータベース化、システム開発のための具体的なガイドラインとして作成されており、企業が具体的な導入を図る際は、必要に応じて各種研究機関からアドバイスを受けることができる。コーティングマシンメーカーであるドイツVenjakob Maschinenbauでは、このプログラムを活用し、コーティングマシンの状態監視を自動化し、適切な保守点検タイミングを通知できるシステムを構築し、生産効率と品質を向上させる取り組みを実施している。

Human-Machine Interaction（人と機械の相互作用）では、人が行う組立工程の支援システムを構築し、多種多様な製品の誤組防止や品質向上に寄与すべく、ドイツBielefeld大学を中心に研究開発が行われている。この研究開発では、音声対話、ジェスチャー制御、触覚センサー、視線追跡、仮想現実などの技術がアプリケーションとして活用できるようになり、ユーザーインターフェースと共に生産設備へ自由に組み込むことができる。医療現場で活用される足操作スイッチを生産するドイツsteute Technologiesでは、複雑かつ高い精度が求められる組立工程にGUI（グラフィカル・ユーザー・インターフェース）を導入し、各製品の正しい作業プロセスが直感的に理解できるシステムを構築した。特に経験の浅い従業員は紙のマニュアルを見ることなく正しい作業を早期に習得できることが期待できる。

Intelligent Networking（インテリジェントネットワーキング）では、工場設備の統一的なネットワーク実現に向けて、必

要なハードウエアやソフトウエアの開発を行っている。エッジバンディングマシンメーカーのドイツBrandt Kantentechnikでは、マシン内にある複数の異なる通信手法を見直し、統一的なネットワークを構築することで、大幅な生産効率の向上を実現している。これまで、設備1台ごとに実施していた機能追加のアップデートや動作テストを、統一されたネットワークの基でプラグ＆プレイの形で一括実施できるようになり、定期的な保守作業も設備監視の自動化により効率的に実施できるようになった。

　Energy Efficiency（エネルギー効率）の分野では、ドイツPaderborn大学が中心となり、エネルギーの効率的な変換や制御分配に向けた統合的なツールの開発を行っている。現在までに、エネルギー効率を評価可能なハードウエア、及びソフトウエアが利用可能となっており、エネルギー効率を改善するための施策を検討できるようになっている。工場内のコンベアシステムを構築するドイツMSF-Vathauer Antriebstechnikでは、このシステムを活用し、コンベアシステムが減速する際の熱エネルギー放出が効率悪化に影響していることを理解し、その熱エネルギーを回収して、高効率でシステムの電気回路に戻すエネルギー回収システム「ERS：Energy R System」を開発した。

　System Engineering（システムエンジニアリング）では、ヨーロッパ最大の研究機関であるドイツFraunhofer IMEが中心となり、機械工学、電気工学、制御工学等を基礎として生産システム開発のためのガイドラインやツール、データベースの開発

を実施している。企業はこのガイドラインに準拠した生産システムの設計／モデリングを行うことで、データベース上の様々なモデルとの互換性を確保でき、またFTAといったリスク分析を容易に実施できるようになる。

　以上のように、各種研究機関や大学が中心となってit's OWLのプロジェクトとして最先端かつ中小企業のニーズにあった研究開発が実施され、その成果がTechnology Transfer Project（技術移転プロジェクト）として、企業と研究機関が協力しながら具体的な技術導入を推進している。2014〜2017年に、33の研究開発プロジェクトが実施され、順次中小企業への技術導入が進んでいる。また、「Smart Factory OWL」と呼ばれる大規模なFAのデモセンターも提供しており、各種企業は導入に向けたテストを各種専門分野のサポートチームと共に実施できるようになっている。中小企業の持つ技術と最先端研究が合わさることで、個社だけでは導入ハードルが高い高品質なシステムの適用が可能となる。

③顧客向け販売／サービスプラットフォームの共同開発

　販売／サービス領域では、製品とサービスを一体で価値提供することを前提に、顧客向けのサービスプラットフォームを共同開発、共有するプロジェクトも推進している。この取り組みは現在も進行中のプロジェクトであり、主だった成果はまだ発表されていないが、PaaS（Product as a Service）と呼ばれる、製品の売り切りモデルからサービス中心の付加価値提供モデル

への移行を見据え、製品とサービスの一体化を目指したビジネスモデルの構築を目指すInnovation PaaS（InnoPaaS）プロジェクト、顧客に継続的なサービス提供を可能とするサービスプラットフォームを構築するDigital Business（DigiBus）プロジェクトという2つの領域で中小企業をサポートしようとしている。

　Innovation PaaS（InnoPaaS）プロジェクトは、2020年6月に始まったばかりの新たな取り組みで、ドイツMunster大学を中心にPaaS事業に取り組む各業界や企業の調査を実施し、業界におけるビジネスモデルの変化について分析することからスタートしている。この調査では、BtoC領域で発展してきたサービス中心のビジネスモデルはBtoB領域でも広く普及していくことを背景に、今後企業が購入する製品は減少し、その代わりに継続的なサービスパッケージが購入されることを見据え、各業界やプラットフォームを構築しているプレーヤーの動向整理を実施している。サービスプロバイダーへの転換に向けて様々な課題を抱える中小製造業者に対して、これらのビジネスモデルの分析結果を基に、ケーススタディー的に新しいビジネスモデルを開発し、行動指針とするために、合計10個の業界ごとのケーススタディーを行い、新しいビジネスモデルの模範的なアプローチを開発することが予定されている。

　Digital Business（DigiBus）プロジェクトでは、具体的なプラットフォームビジネスを展開する上でのツールキットを開発することを目的とし、プラットフォームレーダー、プラット

フォーム戦略、アプリケーション設計の領域で取り組みを実施している。プラットフォームレーダー、及びプラットフォーム戦略の領域では、プラットフォーム戦略を構築する上での基礎的なナレッジを獲得できる機能を提供し、各企業にマッチしたプラットフォーム戦略をガイドラインに沿って構築できるようにサポートする体制が組まれる。アプリケーション設計の領域では、プラットフォーム開発に必要な総合的ツールの他、構築に必要な人材や組織構造についても開発がされる予定だ。これらの機能によって中小企業は、過度なリソースを使用することなく、サービスプロバイダーとしてプラットフォームビジネスを開始するためのあらゆる開発と、その成功見込みを初期段階で評価できる。これらは独自のプラットフォームを構築してビジネスを開始する企業だけでなく、既存のプラットフォームに参加してビジネスを行う企業も対象としており、現在どのようなプラットフォームが存在しているのか、またその特徴や強み等から企業がどのプラットフォームに参加すべきかといった戦略を決定するサポートも実施される予定である。

　中小企業がサービスプロバイダーとしてプラットフォームビジネスを実施するために、必要な情報や戦略策定に向けたガイドライン、事業開始に必要なアプリケーション、さらには企業変革のための組織構造といった、包括的なソリューションが展開される。これらは新たな収益源としてのビジネスモデルの転換といったことだけでなく、プラットフォームを介してエンドユーザーとの接点を確保することで、製品改良や新製品開発に

有益な顧客ニーズの把握も可能にし、これまでにない新規顧客や市場開拓も期待できる。

　以上のように、共通の課題を有する中小企業で協調領域の水平分業を行うことで改善効率を最大化でき、また大学や研究機関の基礎研究による理論に裏付けされた最先端技術を獲得できるのである。

　自動車メーカーを頂点とした垂直統合型のサプライチェーンが主流の日本において、中小規模の部品メーカーは顧客が求める部品単位での高品質、低コストの要求に応えることを優先してきた。逆にドイツは欧州の水平分業型のサプライチェーンの中で、中小企業が中心となって他事業者や学、官を巻き込み、製造業バリューチェーン全体のデジタル化という大きな産業テーマを掲げて取り組むことで、地域産業全体での効率化を図ってきた。

　日本においても産学官連携の取り組みは随所で見られるものの、ドイツの取り組みと比較してデジタル化で圧倒的に後れを取っている。その理由としてIT化の効果への疑問、資金や人的リソースの不足、デジタル化を主導する地域リーダーの不在、が考えられる。

　例えばIT化の効果として、よく日本の企業においてシステム導入を検討する際に、工数の削減代と人件費単価を乗じた上で、導入コストを償却年数で割った金額と比較して、導入の是非を決めるという手法がとられてきたと思う。これは労働力が確保しやすく、人件費単価が安定してきた過去の事業環境にお

いては一定の効果を発揮してきたことは間違いない。そしてまた結果としてIT化は人件費の削減効果が薄いから、導入を見送ろうと判断されてきたのは想像に難くない。一方で、ドイツあるいは先進的な中国系の企業を見てみると、"人の作業を代替できるシステムがあるなら可能な限り採用する"という思想が顕著である。製造現場を見ても、到底人が手掛けた方が効率の良さそうな作業に、ロボットやシステムが適用されているケースがある。その理由を問うと、「安全のため」「精度向上のため」など理由は様々あるのだが、中長期的な労働力の確保のし難さと人件費単価の上昇を考えるとシステムがいずれ有利になる、という考えが根底にあることが分かってくる。足元の効果のみで比較を行い、導入をちゅうちょするのではなく、まずはIT化を行ってみるという視座の切り替えが必要と言えるだろう。

またリソースの不足と主導するリーダーの不在に関しては、やはり地域の適切なパトロンを見つけ出し支援を求めるのが現実解となる。ドイツでは資金的リソースは国家プロジェクトという形で国が支援をしてきたし、人的リソースの側面では地域の産業リーダーやアカデミアの力によるところが大きかった。日本においても、最終的には地域に根差す全ての企業が恩恵を受けることができるという視点に立ち、国や自治体あるいはその地域のリーダーが支援と主導を行い、中小規模の自動車部品メーカー単独ではなしえないデジタル化を推進していくことが望まれる。もちろん単なる他力本願だけではなく、中小規模の部品メーカー側も自社の事業を能動的に検討することが必要で

ある。取り組みを進めずにいれば冒頭述べた岐路に立つ自社事業の行く末が明るくなることはなく、もはや自動車メーカーから同じ価格と同じ規模の部品発注が来るわけではないと危機感を持ったうえで、自社の体制やリソース投入を主体的に見直す覚悟が必要である。危機感と覚悟を持ったうえで地域のリーダーとパトロンを見つけ出し協議を行うことが、地域企業同士が連携し全体での効率化を推進する"産業共生圏"の構築への第一歩となるだろう。

付加価値創出に向けた新事業開発のABC

　これまで論じてきたようにデジタル技術活用による事業効率化は極めて重要な課題であるものの、製造業である以上、製品を作ることで付加価値を創出することが本来の生業であることは間違いない。つまり何を作る（創る）か、もまた重要な戦略である。

　では、中小規模の部品メーカーが新規事業を開発するのにあたって押さえるべき要諦は何だろうか。ABCの観点で検討することを推奨する。すなわちAbroad（海外志向）、Birdview（俯瞰的思考）、Collaboration（異業種連携）の3つである（図4）。

Abroad（海外志向）

　国内自動車メーカーや大手部品メーカーだけでなく、海外メーカーに目を向けることがまずもって重要である。リーマ

図4 付加価値創出に向けた新事業開発のABC

Abroad（海外志向）

国内の自動車メーカーや大手部品メーカーだけでなく、海外メーカー（欧州や中国等）への販路拡大

🚩 ポイント

従来の日系メーカーとは異なる開発文化への理解と適合

Birdview（俯瞰的思考）

既存部品の周辺だけでなく、全体を俯瞰した上で染み出しの方向性を検討する

🚩 ポイント

従来の車載部品だけではなく、自動車以外の領域（斜め上）も視野に入れる

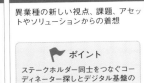
Collaboration（異業種連携）

異業種の新しい視点、課題、アセットやソリューションからの着想

🚩 ポイント

ステークホルダー同士をつなぐコーディネーター探しとデジタル基盤の具備

出所：デロイト トーマツ作成

ン・ショック後にドイツの景気が素早く立ち上がったのも、国内にある中小企業（Mittelstand）が輸出主導の経済を支えたからである。そして当然ながらそれら中小企業はEU域内だけでなく米国や中国に海外展開していくことで、グローバルで販路を拡大していった。

　もちろん日本にも海外展開を積極的に進めてきた事業者もいるとは思うが、いままでの海外展開といえば日系自動車メーカーの海外生産拠点の開設に伴い、海外に生産を移管するケースを指してきた。しかしEVの普及拡大を例にとれば、中国が世界最大のEV市場であり、その中国で覇権を取っているのはやはり地場の自動車メーカーである。そう考えれば、必然的に海外メーカーへ部品を提供することが事業拡大に向けて重要といえる。その際、留意しなくてはならないのは、日系メーカーと海外メーカーでは開発文化が大きく異なるということだ。

　例えば中国メーカーは、ヒューマンインターフェースの先進性や開発スピード、スタイリングを追求する傾向が強い。鮮度

の高い技術やデザインを開発車種に搭載すべくコンセプトや仕様づくりの企画期間が極めて短いのに加え、仕様確定後であっても市場動向に変化があれば大胆な設計変更を加えることがある（図5）。部品メーカーにとっては要求に対応する即応性と開発の柔軟性が求められる格好である。

　他方、欧州メーカーは、緻密な要求仕様とその守り切りが求められる（図6）。部品メーカーにとってみれば、コミュニケーションの頻度が少ないわりに冗長な設計や不必要な検証が増えるようにも見えるが、欧州自動車メーカーはこのような開発手法を取ることで、責任や権利の明確化と部品モジュールの可搬性を高めているのである。

　以上のような例を踏まえ、従来の日系メーカーでとられてきた多頻度のすり合わせ型開発手法を一旦は横に置き、相手が求める新しい開発文化の受容と理解を進めることが、海外展開への近道になるだろう。

Birdview（俯瞰的思考）

　新たな製品やサービスの開発に当たっては、既存部品の周辺だけでなく、全体を俯瞰した上で染み出しの方向性を検討することが重要である。自動車のアーキテクチャーや業界地図を可視化した上で、自社の立ち位置を明確にし、進むべき方向性を見いだすのである。

　自動車のアーキテクチャーを可視化すると、ビークル全体から、システム、コンポーネントの順に徐々に細分化される階層

図5 日本と中国の自動車メーカーの開発スピードの違い

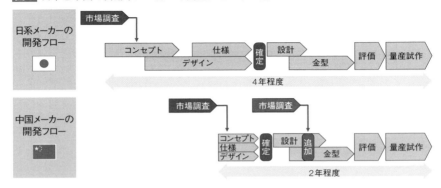

仕様確定後も市場トレンド次第で新仕様追加することで、先進性を訴求

出所：デロイト トーマツ作成

図6 日本と欧州の自動車メーカーの開発文化の違い

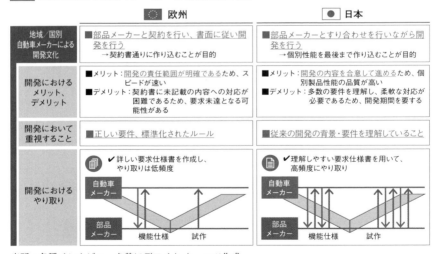

	欧州	日本
地域／国別自動車メーカーによる開発文化	■部品メーカーと契約を行い、書面に従い開発を行う →契約書通りに作り込むことが目的	■部品メーカーとすり合わせを行いながら開発を行う →個別性能を最後まで作り込むことが目的
開発におけるメリット、デメリット	■メリット：開発の責任範囲が明確であるため、スピードが速い ■デメリット：契約書に未記載の内容への対応が困難であるため、要求未達となる可能性がある	■メリット：開発の内容を合意して進めるため、個別製品性能の品質が高い ■デメリット：多数の要件を理解し、柔軟な対応が必要であるため、開発期間を要する
開発において重視すること	■正しい要件、標準化されたルール	■従来の開発の背景・要件を理解していること
開発におけるやり取り	✔詳しい要求仕様書を作成し、やり取りは低頻度	✔理解しやすい要求仕様書を用いて、高頻度にやり取り

出所：各種インタビューを基にデロイト トーマツ作成

構造となっているのはよく言われることである。そして新事業の染み出しの方向性として個々のコンポーネントや技術ではなく、システムを手掛けることで各要素を結びつけた統合価値を創出できるというのも提言として一度は耳にしたことがあるのではないだろうか。しかしこのアプローチで注意しなくてはならないのは、取引先の合意を得ていないと、彼らの製品や事業を侵食しようとしていると捉えられるリスクが存在することである。特に"コンベ"と呼ばれる内燃機関等に固有の部品等、長い年月を経て調達構造が複数層に固定化している部品に関しては、階層を一段上に上がろうとすれば取引先の事業とバッティングするのは明らかである。新製品やサービスを開発しようにも、いまだ垂直統合も残る自動車産業で親である取引先から既存製品の発注を打ち切られてしまっては元も子もない。この点でジレンマに陥り、なかなか新しいサービスに踏み出せないという企業は意外にも多いのが実感である。

　そこで俯瞰する際には、コンベンショナルな自動車の部品階層を垂直方向で検討するだけではなく、斜め上の検討が有効とお伝えをしている。つまり従来の車載部品だけではなく、自動車以外の領域で上位レイヤーを担うことを目指すのである。例えばエネルギー社会全体を俯瞰して見れば、車載で培った技術（パワーエレクトロニクスデバイス、熱マネジメント技術、ノイズ対策技術、およびそれらの実装や検証技術等）が充電器やエネルギーグリッドといったインフラ側にも転用できる可能性は多分にある。あるいは地域の移動課題を捉え直せば、自社の

製造技術を活用した自動車以外のマイクロモビリティーに着手する、等が考えられる。COVID-19の影響で、ECが拡大し小口配送の増加や配送人員の不足が顕在化すると考えれば、物流向けの小型無人車両へのセンサー搭載なども一案だろう。自動車に比較的近く、共通する部品や製造技術が多い産業を狙い、今まで手掛けてこなかったシステムや製品全体の領域まで着手することで自社製品の高付加価値化を図ることができるのである。

　なおこれらの検討の際には、自社保有技術の延長線上の開発とし、相乗効果が強く、効率の良い領域を狙うことが重要である。全く手を付けたことがなく、自社のアセットを活用できない製品やサービスを飛び地として手掛けるのは、新事業への投資リスクとしては高すぎる。ゼロベースでアセットを持たないスタートアップの中でもハードウエアを手掛けた場合の成功率は3％とも言われており、自社事業として飛び地の新ビジネスを検討するのがいかに厳しいものかがうかがい知れるだろう。

Collaboration（異業種連携）

　ドイツの先行事例で述べたような地域単位の協調は、新事業開発においても有効である。異業種の新しい視点、あるいは課題、アセットやソリューションに触れることで、今までにない発想が生まれるかもしれないからである。例えば自動車部品の共同輸送（混載）などは既存の取り組みとしてあるものの、地域の移動課題解決という観点で捉えれば、地域の生鮮食品や乗客との混載にまで広げることも考えられる。またエネルギーの

地産地消や有効活用に向けて工業地帯と農作物の栽培温室を結ぶ熱／エネルギーグリッドを共同で構築する方法もあるだろう。ほかにも、観光、医療といった地域の課題やオリジナリティーを掛け合わせて検討することは、これまで個社単独では実現しえなかった製品やサービスの創発につながる。

アフターコロナにおいて、世界経済がどのように変化するかはいまだ不透明である。しかし、新しい生活様式の中で、働く場所と居住する地域が離れていても業務が成立し、ヒトが密集や物理的な接触を避けるようになると、それまで通勤という形で成立していたヒトの移動体系は地域に閉じたものになっていく。いわば"暮らしの地域化"である。

そうすると産業も同様にその住民の暮らしを支える形で地域化が進み、その地域に根差した複数の企業が相互補完的に地域の課題解決に取り組むなど、生活サービスを支える存在になっていく姿は想像に難くない。その生活サービスを支える輪の中に、自動車産業が抱える事業アセットを活用するのは、自動車産業、地域産業、地域住民にとってもリーズナブルといえるのではないだろうか。

以上のような地域の産業共生モデルの創出に向けては、その地域の交通事業者や1次産業等の多種多様な異業種との連携が不可欠であり、そのためには2つの準備が必要と述べておきたい。まず1つは様々なステークホルダーを中立的な立場から調整し、海外を含む他地域へ活動を拡大していくためのグローバル人脈を持つコーディネーターである。このようなコーディ

ネーターについては、官学や地域のリーディングカンパニー等の第三者をうまく巻き込み、それらの役割を担ってもらうことが必要である。そしてもう1つ、こちらも繰り返しになるが異業種が連携し合う際の共通言語ないし基盤としてのデジタル技術である。例えばマルチモーダルのナビがなぜ実現可能なのかと問えば、複数の移動事業者が時刻表や移動体の位置情報を一定の仕様に沿ってデータ化し、揃えるからである。いままでもこれからもバスの時刻表は紙で管理します、という事業者ばかりでは実現しえなかったのは間違いない。また事業者間の仕様の違いを一定程度吸収するベンダーが存在していることも重要である。そう考えると、デジタル技術の活用や自社内のデータのデジタル化は連携を進める上での作法といっても差し支えないだろう。

　異業種間でのエコシステム形成には物理的な連携を担うコーディネーターと、サイバー領域での連携機能となるデジタル技術は必ず要るものなのである。

オープン戦略と"他に真似のできない技術"への回帰

　自動車産業が極めて厳しい事業環境に置かれる中、中小規模の自動車部品メーカーが事業を継続していくためには、地域の他事業者と連携して相互補完的な関係を築き、事業効率化のための基盤づくりや新規事業創出に取り組むことが重要と述べた。また実現に向けては短期的な導入効果ではなく"まずやっ

てみる"という視座の切り替えや、連携を進める上での作法としてのデジタル技術導入が必要というのは先述の通りである。しかし当然ではあるが、産業のオープン化、協調、地域共生といっても、自社が持つ生産技術の全てを公開したり、保有する特許を無償供与したりするということではない。なぜなら自社の事業が存続し続けるためには、他に真似のできない技術をブラックボックスとして保有することが必要になる。料理屋に例えるなら、仕入れや新メニューの開発を協力しても、秘伝のタレまで差し出すわけではないということだ。もし仮にいわゆる企業秘密にまで踏み込んだ議論があるならば、事前に秘密保持契約を結ぶなり、知的財産基本法を盾にした交渉も検討する必要があるだろう。

　いずれにせよ賃加工を主とする事業者にとっては、このオープン部分とクローズ部分の線引きが極めて重要となる。やや経験論的ではあるが、欧州の標準化団体との議論や日本のコンソーシアム活動を通じて得られたオープン／クローズ戦略のヒントを少しだけ紹介しておきたい（図7）。

　まず欧州ならではと言えるのは、目的、プロセス、商品を弁別して決めるという点である。例えば、"自動車の作り方（How）は協調、作るもの（What）は競争"という言葉があるが、商品を生み出すプロセスと商品自体を一緒くたに議論せず、抽象化し切り分けてクローズ部分を決めている例である。また同様にMBD等においても、"モデルは協調、内部の変数は競争"などのフレーズもある。製造現場に例えるならばさし

図7 オープン戦略策定のヒント

目的、プロセス、
商品を弁別する

他の活動で合意された
内容は流用する

付加価値と優位性の
源泉を見極め、
経営判断を行う

APIはオープンにする

出所：デロイト トーマツ作成

　ずめ、"工作機械は協調、細やかなパラメーター設定は競争"
と言えるだろう。
　次に欧州において顕著なことは、他の活動で合意された内容
は蒸し返さない、という暗黙の了解がある。例えば、国が出し
ているガイドラインや標準化団体が出しているメソッドは、そ
のままオープン領域として尊重して扱い、納得がいかないから
と言って修正に向けた議論を別の活動で改めて行うようなこと
は稀である。
　3つめは一般論ではあるが、何が付加価値と優位性の源泉か
を見極め、オープン領域を経営判断として明確化する、という

ことだろう。上記のような議論は技術要素が多いため、技術者同士での討議で進むことも多いが、自社の強みやコア技術の方針出しは事業戦略の一環であり、経営層が最終的に判断する必要がある。

　最後の4つめは、APIをオープンにする、である。APIとは、Application Programming Interfaceの略で、もともとはソフトウエアの世界で、コンポーネント同士がデータをやり取りするために作られた仕様を指す。このAPIを他の企業などに公開することで、自社内のデータを他のアプリベンダーが（もちろん個人情報等のセキュリティーが担保された状態で）利用できるようにしたものをオープンAPIと言う。実は今、このオープンAPIが企業間の連携やエコシステム構築において極めて重要となっている。その最たる例は、フィンテックだろう。家計簿アプリを使ったことがある方はお分かりいただけると思うが、複数の銀行口座やクレジットカードをアプリに登録でき、自分の支収入と資産をアプリ上で一元管理できるようになっている。これは家計簿アプリが各金融機関やカード会社のAPIを通じてシステムにアクセスし、ユーザーの入出金履歴を取得するからである。金融機関がAPIを公開することで、それらを活用した新しいサービスが創出され、ユーザーがその便益を享受できるようになったのだ。ものづくりの世界でAPIというのも距離感があるかもしれないが、すでに農業やモビリティーの世界ではオープンAPIが導入されつつあることや第2章で述べたVolkswagenの取り組み（自社の生産工場と1500社の自動車部

品メーカーの製造工程を接続するクラウドの整備）を踏まえると、製造業の世界でも自社のデータを利活用するための"ものづくりAPI"を公開し、新規ビジネスにつなげる活動が主流となる将来も近いのではないだろうか。

　クローズ領域の特定に向け、自社製品のバリューチェーンを抽象化し、関連の標準化団体の事例やガイドラインを参照の上、自社の付加価値の源泉を事業戦略として見定めるということをぜひ実施してみていただきたい。またその際、自社システムと連結したインターフェースを外部活用できる形で公開することで、エコシステム構築やイノベーション促進を図ることを検討すべきである。

　最後になるが秘匿化した独自技術であったとしても継続的に研さんをしなければ、いずれはキャッチアップを許すことになる。オープン化の裏で、他の追従を許さない技術を磨き続けることこそが、中小規模の部品メーカーにとっての真の生存戦略といえるだろう。

第 7 章

第7章

車両販売／メンテナンス事業者は猛烈な逆風下でいかに舵を取るのか

07

　　車両販売やメンテナンスを中心に事業や収益を拡大してきた
国内のカーディーラーなどの車両販売／メンテナンス事業者
は、現在大きな転換点を迎えている（図1）。本章では、猛烈
な逆風下での舵取りが求められる車両販売／メンテナンス事業

図1 車両販売／メンテナンス事業者を取り巻く事業環境の変化

事業環境の変化		事業者への影響
市場の変化	■人口減少社会での高齢ドライバーの免許返納急増 ■都市部を中心とした「所有」から「利用」の流れ加速	■自動車保有台数の減少 ■車両販売台数の減少
顧客の変化	■購買行動のデジタルシフト（リアル×デジタルミックス） ■購入方法の多様化の浸透（リース、サブスクリプション）	■新たな価値観に対応した新しい売り方への対応 ■価格透明性の高まりによる収益悪化
クルマの変化	■事故撲滅に向けた先進安全技術搭載車の増加 ■環境規制厳格化に伴う電動車の普及	■事故／部品点数減少によるメンテナンス収益悪化 ■メンテナンス高度化の対応（設備、整備士）
カーメーカーの変化	■リアル／デジタル強化による顧客／車両情報の取得（ブランド発信拠点、オンライン販売、コネクテッドサービス等）	■カーメーカー、カーディーラー、独立プレイヤーの新たな関係性の構築（カーディーラー制度の見直し等）

出所：デロイト トーマツ作成

者が今後生き残りをかけて実行すべき打ち手を、新車販売を起点に事業を展開するカーディーラーと、アフターマーケット領域を起点に事業を展開する独立系プレーヤーについて、「既存事業の高度化」と「新事業の確立」の観点で提案する。

販売／メンテナンス事業を取り巻く環境変化

市場の変化

　国内市場は、女性の社会進出や自動車保有年齢の高齢化等で自動車保有台数は増加を続けるものの、車両耐久性の向上や長期的な経済停滞により新車の買い替えサイクルが長期化することで、新車販売台数は1990年の778万台をピークに現在は500万台前後まで落ち込んでいる（一般社団法人日本自動車販売協会連合会、一般社団法人全国軽自動車協会連合会）。

　足元では高齢者ドライバー事故の社会問題化で高齢者の免許返納が増加し、今後は人口減少に加え、レンタカーやカーシェアリング等の「利用」への流れが加速していくことにより、自動車保有台数、車両販売台数は共に減少していくことになるであろう。

顧客の変化、売り方の変化

　従来の購買行動は、リアル店舗での対面購入が中心であったが、楽天や米Amazon.comをはじめとするECが生活に浸透している。アパレル業界や家具小売り業界では、リアル店舗で実

物を見ながらも、購入、決済、配送手続きなどは携帯アプリで行うといったリアルとデジタルを融合した購買体験を提供する事業者も現れており、クルマの購入においても手間、時間、心理的ストレスを伴うこれまでの購入モデルに疑問を抱く消費者が増加している。また、分割払いが定着した携帯電話のように、「現金一括払い」が大多数を占めていたクルマの購入方法にも変化がうかがえる。景気停滞を受け、手元に現金を残しておきたい、大きな出費を避けたいという消費者意識の高まりにより、ローン、残価設定ローン、残価設定リース、サブスクリプション（メンテナンスや任意保険等をパッケージングした残価設定リース）等の定額払いでクルマを保有する消費者が増加してきている。

このような購買行動が定着する中、オンライン上で各車種の値引き情報や定額の月額料金の周知が一般的となるため、台当たり車販収益の減少は避けられないであろう。

クルマの変化、商品の変化

国際的な事故撲滅、環境保全の方向性も踏まえて、日本では2021年11月から衝突被害軽減ブレーキが新車において搭載義務化が開始されるほか、経済産業省と国土交通省が2030年燃費基準を策定するなど、車両価格の値上がりが懸念されるものの、先進安全技術搭載車やEVをはじめとした電動車の普及が予想される。

このような車両の普及はメンテナンス事業に大きな影響を及

ぼす。先進安全技術搭載車の普及は収益源である事故修理の売上高を減らし、エンジン車よりも部品点数が30％程度少ないEVが普及した場合は補修部品の売上高を減らすことになる。加えてメンテナンス時に、カメラやセンサーの校正作業が発生するほか、高電圧システムに対応可能な整備士の育成が必要等、収入の減少に加えて、メンテナンスコストの増加も同時に引き起こされるであろう。

自動車メーカーの変化、カーディーラー制度の変化

　実際、日本では自動車メーカー直営のカーディーラーは存在するものの、現状のカーディーラー制度は「製販分離」が原則である。すなわち、競争力の源泉となる顧客情報や車両情報はカーディーラーの所有物で、フランチャイザーである自動車メーカーであっても共有されることはほとんどない。しかしながら、自動車メーカーはコネクテッドカーを市場投入するほか、残価設定リースやサブスクリプションに限られるものの、金融子会社と共同でオンライン販売を開始し、デジタル領域で顧客情報や車両情報を直接取得する取り組みを開始している。加えて、自動車メーカーは直営のブランド発信拠点を開設し、顧客に対して新たなリアル接点を開設している。現状、オンライン販売はカーディーラーから車両を購入し、メンテナンス時はカーディーラーに送客しているものの、カーディーラーの最大の資産である顧客情報を自動車メーカーが奪う構図になっている。

General Motorsが構築したカーディーラー制度（フランチャイズ制度）は、大きく変化することなく100年以上が経過し、新たな時代に即した見直しが行われる時期に差し掛かっている。その時には自動車メーカー、カーディーラーに加え、独立系プレーヤーも交えた新たな関係性が構築されていくであろう（図2）。そしてこれらの環境変化は中長期的なものではなく、COVID-19の猛威により、もはや足元に迫ったものになっている。新車販売台数の低迷が長引く恐れがあるほか、消費者はリアル店舗での接触や購買を避けるため、ECを積極的に活用するようになり、また、景気低迷の懸念から手元資金を確保する消費行動に移行しつつある。

カーディーラーが実行すべき打ち手

　参入プレーヤーの状況によって、取り組み優先順位に差はあるだろうが、データ／デジタル活用を基盤とした6つの打ち手が有効と考える（図3）。

既存事業の高度化
①店舗網の最適化及び業務プロセスの効率化
　国内市場が頭打ちになる中、カーディーラー間の競争は激化しており、同じ自動車メーカー系列のカーディーラー間でも、顧客の奪い合いが起きている。このような状況下において、自社内、同資本内における店舗網の見直しや最適化は待ったなし

図2 自動車販売／メンテナンス事業者のコア事業領域

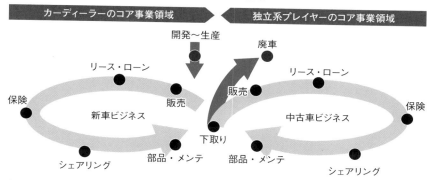

出所：デロイト トーマツ作成

図3 カーメーカーの実行すべき6つの打ち手

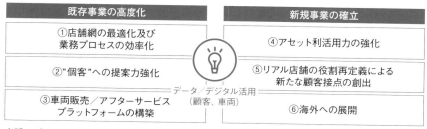

既存事業の高度化	新規事業の確立
①店舗網の最適化及び業務プロセスの効率化	④アセット利活用力の強化
②"個客"への提案力強化	⑤リアル店舗の役割再定義による新たな顧客接点の創出
③車両販売／アフターサービスプラットフォームの構築	⑥海外への展開

データ／デジタル活用（顧客、車両）

出所：デロイト トーマツ作成

の状況であり、他社が単一販売チャネルに統合する中、販売チャネルを残していたトヨタも全車種併売に着手し、全国の販売店で全車種を販売する時期を当初予定（2022〜2025年）から2020年5月に前倒しし、カーディーラー各社に店舗網の最適化の検討を促している。

　これに先駆け、都内のトヨタ直営カーディーラー4社は、統合してトヨタモビリティ東京を発足した。販売チャネルごとに配置した店舗網を見直し、この統廃合で生み出されたリソースをレクサス事業に振り分け、レクサス店舗の拡充につなげるとしている。

　今後は、このようなメーカー直営カーディーラー同士の統合にとどまらず、必要に応じて"直営×地場"や"地場×地場"のような資本をまたいだ形、究極的にはメーカーをまたいだ形での店舗網の最適化の検討にも着手すべきであろう。さらに、店舗網の最適化と合わせ、各店舗の現場の効率性向上も重要である。既に、一部の販売店では、顧客のステータス管理や店舗スタッフのスケジュール管理、各種実績管理等でデジタルツールを活用して業務効率化を進めているものの、現場への浸透が不十分なことにより、マニュアルでの作業が継続されているケースも散見される。

　これまで慣れ親しんだオペレーションを変更することで、一時的な混乱が生じる恐れはあるものの、デジタルツールを組み込んだ新たなオペレーションモデルを構築し、現場に定着させ、人材配置を最適化していくことで、これまで雑務に忙殺さ

れがちであった現場スタッフが、より多くの時間を営業活動や顧客対応といった付加価値の高い業務に割くことができるようになるだろう。

静岡トヨペットでは、クラウドサービスやペーパーレス化等の管理業務の効率化のほか、RPA（Robotics Process Automation）導入による業務の効率化や自動化を図ることで現場接点強化に取り組むほか、人員配分を見直すことで、顧客提供価値の向上を通じた競争力強化を目指すとしている。

②"個客"への提案力強化

商談は、新車販売活動の肝ともいえる重要なプロセスであり、各社とも、トークスクリプトや商談用ツール等を作成し、質の向上に取り組んでいる。しかし、いまだ商談の質は販売スタッフの能力によってばらつきがあり、また、顧客の要望とは合致しない、スタッフが売りやすい車両や購入方法に誘導するような形で商談が行われることも見られる。

今後ますます、店舗間の差別化が困難になる中で、顧客から継続的に選ばれるためには、"個客"の属性、ニーズ、ライフスタイル変化等を的確に捉えた上で、都度"個客"にとって最適な車両や購入方法を提案できる店舗にならなければならない。そのためには、幅広いニーズに対応できるよう、現金一括、ローン、リース、サブスクリプション等、多種多様なクルマの持ち方を準備、提案すること、そして暗黙知化されがちな商談ノウハウや個々のスタッフが有する様々な顧客データを一

元管理、蓄積し活用することが必要になってくる。そういった取り組みにより、どのスタッフであっても、多様な選択肢の中から、"個客"に最も適したソリューションを導き出せるようになり、更にその商談で得られた各種データを活用していくことで、次回商談においては、より質の高い提案を行うことができるようになる。商談の度に学習し、提案の質が向上していく仕組みを整えることが、他社と差別化し固定客を獲得するための鍵になるのではないだろうか。

　トヨタカローラ徳島では、この取り組みに先駆けて、顧客一人ひとりについて詳しく知り、営業スタッフ一人ひとりの営業アプローチを見える化する営業支援システムを独自に導入している。これにより、個客訪問情報を経営者や店長がリアルタイムで確認できるようになったほか、担当者不在時の来店も社内SNSでリアルタイムにコミュニケーションを取りながら代理スタッフが対応できるようになる等、店舗全体でシームレスに個客とお付き合いできる状況を生み出している。

③車両販売／アフターサービスプラットフォームの構築

　デジタル化の進展に伴う消費者購買行動の変化やサードパーティーの台頭を踏まえれば、新車販売やアフターサービス予約等をデジタル上で提供し、完結できるプラットフォームの整備は必要不可欠になってくるだろう。これにより、消費者の利便性が高まることに加え、カーディーラーはデジタル上において顧客接点を獲得し、デジタル及びリアル全ての顧客情報を捉え

た施策を講じることが可能となる。

　また、プラットフォームに、AIチャットボットやウェブ商談システム、VR試乗サービス等を組み込んでいけば、消費者のデジタル上における購入体験は、より納得感、満足感の高いものとなるだろう。加えて、デジタル化時代における顧客のニーズを究極的に満たすためには、デジタルプラットフォームの整備に留まらず、リアルにおける新たな価値提供も必要になる。

　例えば、顧客軒先での納車、受渡、引取への対応のほか、バーチャルキーを活用することにより、納車、引取の時間や場所の自由度を飛躍的に高めることが可能になる。一見、手間や費用の増加を招くと思われるが、これまで取り込めていなかった遠方の顧客を獲得可能になる他、顧客の店舗へのアクセスやスケジュールを考慮する必要がなくなるため、登録納車作業、メンテナンス等各種業務を、各店舗の状況に応じて自由に振り分けることが可能になり、店舗全体の稼働率向上、最適化にもつながるであろう。

　米国の大手カーディーラーであるAutoNationは、独自の新車販売プラットフォーム「AutoNation EXPRESS」を構築し、新車向けオンライン審査（米AutoGravity）、既納車向けコネクテッドサービス（米Zubie）、中古車リース（米Fair）等の追加機能は、スタートアップと提携することでスピーディーにサービス提供を行っている。

新規事業の確立

④アセット利活用力の強化

　これまでのカーディーラーは新車"売り切り"ビジネス（車両販売時の収益獲得）が中心であり、クルマをアセットとして捉えた"利活用"ビジネス（カーライフサイクル全体での収益獲得）に本格的に取り組んできた販売店は多くない（図4）。そのため、現状下取り等で戻ってきたクルマは、一部は店頭で小売りされるものの、ヤードのキャパシティーの問題もあり、オークションに流してしまうことが多く、中古車専業店や輸出業者等の外部業者に収益が流出してしまっている。しかし、今後、新車"売り切り"ビジネスのみでの収益維持、向上が難しくなる中では、アセットを有効活用し、収益を自社内部に囲い込むことが、ますます重要になってくるだろう。

　中古車小売りを強化するために、現状各カーディーラーは新車販売店を新中併売店に転換するほか、複数の小型新車販売店を統合して新たに新中併売店を開設している。新車ユーザーと中古車ユーザーのユーザー層が明確に区別できた時代は新車販売店と中古車販売店を分けることは有効であったが、最近は新車ユーザーと中古車ユーザーの境目が曖昧になっており、互いの来店客を逃さないためにも新中併売が有効な施策となっている。

　米国市場では新車販売の営業利益率が1%を下回っており、メンテナンス事業に加え、中古車事業による収益獲得が急務となっている。このような中、上述のAutoNationは、自動車メーカーに紐づかない自社ブランドの中古車専門店を開設し、

図4 "売り切り"ビジネスから"利活用"ビジネスへ

"売り切り"ビジネス

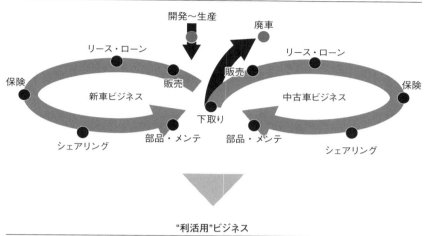

"利活用"ビジネス

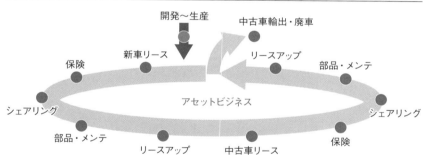

出所：デロイト トーマツ作成

これまでカーディーラー店舗で販売しづらかった低年式車両や過走行車両も取り扱っている。同社は自社ブランドのオートオークション会場も開設、運営しており、中古車ビジネス全般を手中に収めている。加えて、自社ブランドのメンテナンス工場も開設、運営、及び自社ブランドの補修部品を用意しており、中古車事業も含め、従来であれば独立系プレーヤーに流れる顧客層を自社に取り込むことに成功している。

　さらに、小売り力の強化やオークションの手の内化のみならず、レンタカーやカーシェア等、自社モビリティーサービスでの活用やモビリティーサービス事業者へのリース／レンタル、海外市場への輸出等、外部業者と連携しながら、多様な利活用手段の確立に取り組むことも重要である。そしてこれら多様な利活用手段を使いこなすためには、中古車関連のデータ基盤及び収益分析ツールの整備が重要になってくる。自社で保有するアセットの各種データ、及び現状並びに将来の中古車小売り価格、オークション価格、海外市場価格等、中古車市場に関するデータを収集、一元管理し、それぞれの手段でアセットを利活用した場合の予想生涯収益を予測できるようにすることで、各アセットにとっての最適な利活用手段が明らかになり、収益を最大化することが可能になるのである。

⑤リアル店舗の役割再定義による新たな顧客接点の創出

　現状、顧客とカーディーラーの顧客接点は、ほぼ新車購入時及びメンテナンス時に限られている。リアルでの接点は、EC

の浸透に伴い、ますます失われていくことになるだろう。

このような中で、リアル店舗に新車販売、メンテナンス以外の新たな役割を持たせていくことで、既存顧客との関係性強化に加え、幅広く真新しい顧客情報の獲得が可能になり、結果、上述の「"個客"への提案力」がより強化され、新車ビジネスの底上げにつながるだろう。また、それのみに留まらず、豊富な顧客データの活用により、自社顧客向けの地域密着型広告事業の展開等、新たな事業展開への道も開けてくると考える。

拡張するリアル店舗の具体的な役割については、充電ステーションを設置し、充電中リラックスしてくつろげるスペースを店舗内に用意したり、自社に語学が堪能なスタッフがいれば店舗の空きスペースを使って英会話教室を開いたり、シニア向けに自動車の安全運転講座を開いたりと、様々考えうる。いずれせよ、各社とも自社の特性や周辺住民のニーズ等を踏まえた上で、店舗やスタッフの新たな役割を定義し、リアル店舗の活用方法を探っていくべきだ。

⑥海外への展開

上述の通り、日本国内市場は成熟気味であるが、海外に目を向ければ、アジアやアフリカを筆頭に、今後成長が見込まれる国が多数存在している。そういった国々において、国内の厳しい競争環境下で培ったカーディーラー運営ノウハウやデータ／デジタルプラットフォームを活用していければ、現地ディーラーとの競争に打ち勝っていくことも十分に可能と思われる。

また、いきなり進出するのではなく、自動車整備部門におい
て進む外国人技能実習生を受け入れ、将来的な現地カーディー
ラーのスタッフとして育成する他、現地カーディーラーのコン
サルティング事業を行い、現地における商慣習や顧客特性等を
理解した後に、改めて自前での展開を考えるといったことも一
案であろう。滋賀ホンダ販売は、自動車関連ビジネスのベトナ
ム展開を視野に入れ、数年前からベトナム人技能実習生（整
備）を雇用し、本人たちにもベトナム整備工場のリーダーを目
指してほしいと伝えているという。

　海外展開は、収益面のほか、労働人口減少局面におけるス
タッフの採用、育成といった点からも望ましい。将来的に海外
駐在への道が開かれていることは、海外志向が高い優秀な人材
を惹きつける一要因になり、働くスタッフのモチベーション向
上やリテンションに寄与するほか、人材不足が懸念されるメン
テナンス部門で外国人技能実習生を受け入れる土台にもなり得
るであろう。

独立系プレーヤーが実行すべき打ち手

　次に、新車販売を起点にアフターマーケット領域への進出を強
化するカーディーラーの取り組みの方向性を考慮しつつ、独立系
プレーヤーが今後生き残るための打ち手を事業者別（中古車事
業者、整備事業者、オートリース事業者）に提案したい（図5）。

図5 独立系プレーヤーの実行すべき打ち手

	既存事業の高度化	新規事業の確立
中古車事業者	■中古車販売のデジタル化対応 ■顧客の購買行動に基づいた中古車在庫戦略の高度化	■良質な中古車確保に向けた新車販売事業への参入
整備事業者	■合従連衡推進による投資余力創出と専門性の強化 ■購買行動の変化に対応したアフターサービスのデジタル化、コネクテッド化	■海外への展開 ■法人ビジネスの拡大、深耕
オートリース事業者	■デジタルを活用した法人向けインサイドセールス強化 ■車両販売店との提携による個人向けビジネスの強化	■リースアップ車両の販路拡大による出口戦略の強化 ■法人向けモビリティーサービスの提供

出所：デロイト トーマツ作成

中古車事業者が実行すべき打ち手

既存事業の高度化

■中古車販売のデジタル化対応

　中古車ユーザーは、グーネットやカーセンサーといった中古車情報サイトを検索し、車両や店舗を特定した上で訪問、現車確認、契約するという購買行動が一般的であるが、近年、約2割の中古車ユーザーは中古車情報サイトの掲載内容（主にグー鑑定や車両品質評価書等の第三者評価の有無）で購入可否を判断し、現車を確認せずにウェブや電話で購入の申し込みをしている。また、このような中古車購入者は年々増加していると言われている。そういった状況を踏まえれば、中古車販売領域におけるデジタル化対応は、新車販売にも増して、重要になってくると考えられる。既に、大手中古車販売事業者のIDOM（ガリバー）は、ウェブ商談、審査、契約が来店不要で行える"おうちでガリバー"を開始したほか、クルマ査定、売却のサポートアプリ"Gulliver Auto"や"ガリバー ドライブスルー査定"を

提供する等、非対面／非接触の車両販売の仕組みを自社で構築しており、他プレーヤーもそういった流れに追従することになるであろう。

　一方、規模が小さく投資余力がない中小の中古車販売事業者は、自社でデジタル投資を進めることには限界があるため、集客力の高い中古車検索サイトが提供するウェブ商談やオンライン販売機能をうまく活用することでデジタル化を進めていく必要がある。また、店舗スタッフをウェブ商談やオンライン販売の対応人員として配置転換することで、固定費の増加を抑える工夫も重要になってくるだろう。

■顧客の購買行動に基づいた中古車在庫戦略の高度化

　現状、多くの中古車販売店は、売れ筋を中心に多種多様な車種を在庫することで、来店者のニーズを満遍なくカバーできるようにしているが、在庫スペースに限りがあるため、車種ごとに見ると在庫ラインアップが手薄になってしまっているケースが散見される。最近の中古車購入者の多くは、店頭で様々な車種を確認した後に購入車両を選ぶ訳ではなく、中古車検索サイトで購入車両に大体の当たりを付けて店舗訪問をする傾向にあるため、現車確認で購入を見送った場合、在庫ラインアップが手薄なことにより、代替案がなく他事業者に流れてしまうことも少なくない。

　こういった状況に対応するためには、広く浅くではなく、店舗ごとに在庫車両の特徴付けを行うことが肝要であろう。その

際には、顧客の購買特性を深く理解した上での特徴付けが必須である。これまで蓄積されてきたノウハウに加え、上述のデジタルチャネルで得られた顧客データ等を使いながら、各店舗によく訪れる顧客層や、顧客層ごとにどういった車両を比較して購入することが多いのか、等のことに鑑みたうえで、その店舗に最適な在庫を取りそろえるべきであろう。そうすることで、来店客の希望に沿った代替案を提示できるほか、取扱車種が限定されることで販売員教育の負担も軽減できるといった副次的な効果も期待できる。

新規事業の確立
■良質な中古車確保に向けた新車販売事業への参入

　カーディーラーが「アセット"利活用"ビジネス」への移行を本格的に行った場合、残価設定クレジット／リース比率が高まることが予想されるため、収益性の高い高年式で良質な中古車はカーディーラーの手の内に収まることになる。また保有期間の長期化も重なり、中古車買い取りやオートオークション市場に流通する高年式中古車の相場は高騰し、獲得できたとしても高い収益性は望めないであろう。今後、安定した中古車ビジネスを行うためには、新車販売事業への進出は不可欠と言える。すなわち、中古車事業の収益を最大化するためには、カーディーラー同様に新車販売を起点としたアセットビジネス展開が必要となる。

　既にIDOM、ネクステージ、ケーユー等の大手中古車事業者

は輸入車の正規カーディーラー店舗を運営している。特にBMW、MINIの正規カーディーラー店舗を運営するIDOMは更に踏み込み、自動車メーカー本体（BMW）と提携して中古車サブスクリプションサービス「NOREL」の新車版サービスを開始している。本サービスでは使用期間や走行距離に制限が掛けられているため、返却車両は展示車や使用済み未使用車相当の優良中古車在庫となり、中古車小売り、および、中古車サブスクリプションサービス等で提供されている。

　現状、カーディーラー店舗を運営するには既存カーディーラーの買収が伴うため、参入ハードルは極めて高いと言わざるを得ないが、上述の通り、カーディーラーの統合が進むとみられるため、買収の機会は発生するであろう。また、サブディーラー制度を設けている自動車メーカーについては、サブディーラーを目指すのも選択肢の一つと言えよう。そして最も現実的な選択肢は、コスモ石油やオートバックス等のようにオートリース事業者のホワイトラベルを提供することである。ホワイトラベルの提供が困難な小規模の中古車販売店は、オートリース事業者の販売代理店となるほか、大手中古車レンタカーのニコニコレンタカーが会員企業向けに提供するニコニコオートリース等も選択肢の一つになりうる。

整備事業者が実行すべき打ち手
既存事業の高度化
■合従連衡推進による投資余力創出と専門性の強化

日本の整備事業者を見てみると、カー用品店、タイヤショップがフランチャイズ形式で全国展開している程度で、メガフランチャイジーも限られており、全国規模の事業者は皆無と言える。また、認証工場と指定工場を合わせて全国に12万店舗あるのに対して、車検専門フランチャイズチェーンの最大手コバックでさえも、加盟店舗数は500店舗程度に留まっている。

　現状は小規模事業者であっても、地場密着型の営業を展開し、既存顧客から家族や親族に取引を拡大することで事業の維持拡大が行えているが、上述の通り、先進安全技術搭載車や電気自動車の普及に対応するためには、設備投資や人材育成が必要となり、単独での対応は困難と言わざるを得ない。このような中では、各事業者単独での生き残りは難しく、既にグループを形成している車検専門フランチャイズチェーン等を中心に、合従連衡を強力に推進していく必要があるだろう。それにより、規模拡大を通じたバイイングパワーの発揮や、オペレーション業務の統合によるコストメリットの創出、次世代に向けた投資余力の確保が可能になる。

　カーディーラーよりも独立系プレーヤーのシェアが高い米国においては、資本力を背景に自店舗ネットワークを増強するリテールチェーン（例：米AutoZone）と、多数の独立系プレーヤーを束ねるプログラムグループ（例：米National Automotive Parts Association：NAPA）のような業態が、全土に倉庫／物流ネットワークを構築し、部品メーカーに対してバイイングパワーを発揮することで力を付けてきている。

また、合従連衡の推進と並行する形で、専門性強化に向けた投資も加速させていくべきであろう。例えば、タイヤのアライメント調整、ガラス交換、板金修理等は全てのカーディーラーで行えるものではない。このようなサービスを手の内化できれば、同サービスが起点となって顧客の囲い込みを図れるほか、カーディーラーからの業務委託を安定して受注することも可能となるだろう。

■購買行動の変化に対応したアフターサービスのデジタル化、コネクテッド化
　近年、顧客の購買行動のデジタル化を受けて、グーピットや楽天車検等のオンライン自動整備工場検索サイトが登場／普及してきており、新規顧客を獲得するためには、このような検索サイトに登録するのは当然のことで、更にその中から選ばれるよう上述のような専門性を身に付けるほか、車検専門フランチャイズチェーンに加盟して知名度をアピールするなど、顧客に対してオンライン上で安心感を提供することや、顧客軒先での車両受渡／引取にも対応することで顧客の利便性を最大限向上させていくような取り組みも必要となる。また、自動車メーカーが主導するコネクテッドサービスが普及することで、独立系プレーヤーも既存顧客から同様のサービス提供が求められるようになるだろう。実際、独立系プレーヤーが取得できる車両情報には制限があるものの、取得したデータを最大限に生かしたコネクテッドサービスの提供は必要になると推測される。
　後付け車載デバイスの開発やサービス開発をゼロからスター

トするのは困難であるが、既にGMOモビリティクラウドのように後付け車載デバイスとオリジナルアプリをセットで提供する事業者も現れており、コネクテッドサービスの導入／提供自体のハードルは下がっている。初期投資とランニングコストを回収するスキーム構築が課題となるが、上述の規模拡大によるコスト圧縮に実現の可能性が秘められているのではないだろうか。

新規事業の確立

■海外への展開

先述の通り、国内市場が縮小し、競争が激化する中で、カーディーラー同様、海外展開は有力なオプションとなり得る。展開に当たっては、海外進出を考えるカーディーラーとの協業や海外進出に長けた商社等との協業を考えていくべきであろう。

■法人ビジネスの拡大、深耕

カーディーラーが「アセット"利活用"ビジネス」への移行を本格的に行った場合、新車、中古車販売共にメンテナンスパックの付与率が高まる上、中古車販売事業者もメンテナンス需要獲得の取り組みを強化していることから、自動車販売で顧客接点を有していない整備事業者は直接ユーザーを獲得することがますます困難になってくる。その一方で、今後保有から利用への移行が進むにつれて、レンタカー事業者やカーシェア事業者等、法人保有の車両が増加することが予想されており、これまで以上に法人向けビジネスの重要性が高まるだろう。

整備事業者は、カーディーラーと比べ、価格競争力を有する場合が多いが、更に上述の合従連衡を推進していくことで、受け入れキャパシティーが拡大すると共に、コスト競争力の更なる強化が見込まれる。そして、それと並行して、営業体制の整備や人員強化を進め、マインドを守りから攻めの姿勢へと転換していくことで、コストセンシティブなレンタカー／カーシェア事業者等の大口法人から、一括して車両整備を請け負うことが可能になってくるだろう。

　加えて、顧客満足度の向上及び新たな収益源の確立に向けては、車両状態を深く理解していることをフックとして、整備のみに留まらず、顧客の要望に応じて中古車両の買い取りや車両の処分等までまとめて請け負う等、整備＋αをパッケージ化したサービスにもチャレンジしていくべきではないだろうか。

オートリース事業者が実行すべき打ち手
既存事業の高度化
■デジタルを活用した法人向けインサイドセールス強化

　法人向けオートリース市場は、リーマン・ショックに伴う市場縮小から回復して以降、年平均成長率は2.6％と拡大はしているものの、営業効率の高い大口ユーザー（保有台数100台以上）の需要は一巡し、中小口（同10～99台）、ノンフリート（同10台未満）の開拓が進められている。大手オートリース事業者の場合、案件が小口化するほど、現地訪問を主体とする営業活動では採算が見合わないため、代理店に販売を委託して営

業開拓を進めている状況だ。

　オートリース導入企業がオートリース会社を決める要因は、"価格"と"リレーションシップ"と言われており、価格競争が進んだことで"価格"が差別化要因になり辛くなっていることから、営業担当の評価や相性に起因する"リレーションシップ"がより重要視されている。すなわち、いかに小まめに足を運ぶか等の現地訪問を前提とした旧来型の営業スタイルが評価される傾向にあった。しかしながら、COVID-19の影響により顧客自身が在宅勤務の可能性もあるため、現地訪問が難しくなり、ウェブ商談等のインサイドセールスでいかに顧客と関係構築するかが重要となっていく。また、大手オートリース事業者は小口案件に直接リーチできていなかったが、顧客がインサイドセールスを許容するようになれば、直接営業することが可能となり、待ちの営業から攻めの営業に転換できるであろう。

■車両販売店との提携による個人向けビジネスの強化

　個人向けオートリース市場の拡大が叫ばれて久しく、その度にオートリース事業者が市場参入を試みるものの、急激な市場拡大には至っていない。

　大前提として、以前から顧客のリースに対する根強い不信感が言われているが、残価設定クレジットの普及や、個人向けリースの火付け役となったコスモ石油が展開する「コスモMyカーリース」の動向を見ると、リースに対する不信感も和らぎつつあるのではないだろうか。しかしながら、引き続き、オー

トリース事業者は“知名度”と“販売網”で苦戦を強いられている。各社、オンライン販売サイトを構築しているものの、元来から法人営業中心のため、個人からの認知度が不足しており、仮に検索結果の上位に表示されても選択されにくい状況だ。また、直接営業が行えた職域販売はオフィスビル入館のセキュリティーが高くなるにつれて難しくなり、一般個人に対して直接リーチできない状況に陥っている。

このような中、新車販売領域へ参入を試みる中古車販売店や整備事業者の増加が見込まれることから、自社直接提供より収益性は劣るものの、このような事業者向けにホワイトラベルを提供することが効率的ではないだろうか。また、対顧客向けに金利等で好条件を提供できるのであれば、カーディーラー向けにホワイトラベルを提供することも有効な施策となり得る。

新規事業の確立
■リースアップ車両の販路拡大による出口戦略の強化
オートリース事業において、残価設定や中古車売却益に影響する出口戦略は収益を大きく左右させる。しかしながら、多くのオートリース事業者の出口戦略は入札会やオークションでの業務販売に限られている。これはオートリース事業者の多くがリースアップ車を一時的に保管するヤードを持たないため、リースアップ車両をリース先から入札会やオークション会場に直接陸送してしまうためである。

オリックス自動車は、自社入札会場に加え、全国11カ所で

中古車販売店を自社運営しており、リースアップ車に加え、レンタルアップ車、カーシェアアップ車の小売りやリースを手掛けている。また、住友三井オートサービスはリースアップ車を、自社入札会に出品するまでの期間、中古車在庫として取り扱い、顧客（法人）に対してオンライン上で中古車リースを提供している。イチネンは新規でヤードを確保して中古車輸出事業に新規参入した。リースアップ車両の8〜9割は輸出されていると言われているものの、仕向け地の規制対応や資金回収リスク等から自社でリスクを負った直接輸出は避けられていたが、イチネンは日本と同じ右ハンドル国であるニュージーランドに中古車販売会社を設立し、仕向け地における中古車ビジネスを手の内化した上でリスクを最小限に抑え、輸出を行っている。

　ヤードを持つことで、在庫リスクを負うことが懸念されるものの、リースアップ車両の販路に新たな選択肢を加えることができれば、競合との差別化要素となるほか、新たな収益源を創出することが可能となるであろう。

■法人向けモビリティーサービスの提供

　法人向けビジネスの強化に当たって、"価格勝負"、"リレーション勝負"からの脱却を図るためには、単なるリース事業に留まらず、企業向けレンタカー／カーシェア及びマルチモーダルサービスの提供にチャレンジすることで、新たな付加価値を創出していくことが肝要である。

　例えば、企業に対して、車両提供に加え、カーシェアの導入

／運営を支援することで、普段は車両を営業車として利用しつつ、空き時間には企業の従業員が自由に利用できるようにして、従業員の満足度向上や車両の稼働率向上といった新たな付加価値の提供が可能になる。更には、難易度は高いものの、企業の従業員向けにルート検索、移動手段の予約、決済が可能なマルチモーダルサービスを提供することで、移動コスト全体の見える化、最適化、従業員の移動効率最大化といった、移動全体を対象とした付加価値提供が可能になるであろう。

　既に、欧州のフランスALDやドイツAlphabet等は、企業向けカーシェアサービスやマルチモーダルサービスの提供を開始している。Alphabetが提供するマルチモーダルサービス「AlphaFlex」は、従業員の移動特性に応じたルート提案や、企業の予算やCO_2削減目標を踏まえた交通手段の提案等、サービスに工夫を凝らすことで、更なる付加価値向上を図っている。

打ち手実行に向けたポイント

　ここまで各プレーヤーが講じるべき打ち手の方向性、および、施策を概説してきたが、それらを確実に実行していく上で特にポイントとなる3点を説明したい。

①競争と共創の"したたか"な使い分け

　国内市場が縮小していく中で、市場で生き残り、更なる成長を遂げていくためには、他プレーヤーとの顧客や収益の奪い合

いは避けられない状況と言えよう。一方で、各社とも、自社単独での競争には限界がある。これからは、電動化や電子化といったクルマの変化に伴い必要となるメンテナンス設備等への投資に加え、デジタルを筆頭とする新たな領域への投資を行うとなれば、大規模な投資が必要になる。更に、新たな事業領域にチャレンジしていく上では、ノウハウ獲得やリスク分散も必要不可欠だ。

　そのため、これまで競争相手としてしのぎを削りあってきた相手を、一種の"したたかさ"をもって有効活用していくことが求められる。既に米国の一部カーディーラーは、上流の自動車メーカーに対してより交渉力のある立場に立ち、他カーディーラー及び他プレーヤーとの差別化を図るために、競合関係にあった一部独立系プレーヤーを積極的に仲間に取り込むことで、着々と規模を拡大し、新たなノウハウを獲得している。

　目の前の競争相手との勝ち負けに過度に拘泥することなく、自社が本当に戦うべき相手は誰なのか、その相手に勝つためには何が必要なのか、を考え抜いた上で、他プレーヤーを活用しながら、強固なエコシステムを構築していくべきであろう。

②異業種／異文化人材の活用

　加えて、データ／デジタル活用や店舗を生かしたサービス企画、海外展開等を推進していくためには、既存の人員のみでは限界があり、異業種／異文化人材の活用が必要不可欠である。彼らにとって働きやすく、成長できる職場作りができるかが、

改革の成否に直結するといっても過言ではない。そのために
は、場当たり的な施策に留まらず、組織体制や採用、評価、育
成の仕組みを、抜本的に見直していく必要があるだろう。

③「守り」から「攻め」への意識変革

　最後に、大規模な変革を確実に推し進めていくためには、企
業風土及び社員一人ひとりの意識変革が不可欠である。これま
では、新たなことにチャレンジするよりも、決められたことを
着実にやりきることが評価される傾向にあったが、これから
は、全社員が現状に対する危機意識を持ち、変わることを恐れ
ず、新たなことを積極的に受け入れるマインドに変化していか
なればならない。

　そのためには、まず経営者が変革を実行する強い意志を持
ち、社員とその意志を共有するとともに、新しいことにチャレ
ンジできる、新しいことをやった者が評価される仕組み作りを
進めていく必要があるのだ。

　これからの市場環境は厳しく、既存の延長線上のままでは、
多くの車両販売／メンテナンス事業者が事業縮小や市場からの
撤退を余儀なくされるだろう。これまでの常識や商習慣にとら
われることなく、データ／デジタル等の新たな武器を積極的に
取り入れ活用していくことで、今後の業界スタンダードとなる
ような新たなビジネスモデルを構築していっていただきたい。

第 **8** 章

第8章

今改めて
モビリティー革命を
リードする覚悟を持つ

08

これまで「MX、EX、DX」というモビリティー革命をもたらす変化と、自動車メーカー、自動車部品メーカー、車両販売／メンテナンス事業者各社が取り組むべきテーマについて解説をしてきた。本章では、2020年7月現在、いまだ収束の気配を見せないCOVID-19がモビリティー革命に及ぼす影響を整理しつつ、日本の自動車業界が今後取り組むべき課題について考察したい。

COVID-19がもたらす "New Normal"

COVID-19により、生活者の意識と行動は大きく変化した（図1）。感染拡大を抑えるため、外出を最小限にし、接触や過密をなるべく避け、オンラインベースで仕事や家庭の様々な用事を済ませるようになった。先行きの不透明感から節約志向が

図1 社会、人のマインドと行動変化サマリ（生活シーン別）

COVID-19は人々のマインドと行動へ広範な影響を及ぼしており、従来トレンドをも巻き込んで、今後は生活の"New Normal"が定着していく。

生活シーン*¹	従来からのトレンド	COVID-19の主要な影響（例） マインド	行動	Post COVID-19の "New Normal"な生活
働く	■働き方改革 ■勤務形態の多様化	●通勤時の公衆衛生への意識定着 ●WLB*²志向の高まり	●通勤方法／時間の多様化 ●テレワークの浸透	✔テレワークの定着 ✔ワークよりもライフ重視
学ぶ	■（学習補助としての）オンライン塾、動画学習	●学生への影響懸念増加 ●オンライン授業の期待増加	●感染リスク踏まえた学校の再開 ●オンライン授業の導入加速	✔オンライン教育の拡大、定着
住む	■職住近接 ■都市圏への集中	●郊外移住の希望増加 ●イエナカ時間活用の意識向上	●地方移住検討の活発化 ●イエナカ環境の快適化	✔職住融合（衣食住＋働） ✔郊外への一部移住シフト
費やす	■モノよりコト、所有から利用 ■キャッシュレス決済導入	●節約志向、消費の吟味 ●お金の衛生意識向上	●高齢者含むEC利用拡大 ●キャッシュレス決済浸透	✔EC利用の更なる拡大 ✔キャッシュレス決済の定着
癒す	■遠隔医療／診断 ■健康志向	●感染症予防意識の定着 ●集団感染再発への懸念	●オンライン診療の浸透 ●在宅フィットネスの増加	✔遠隔医療／診断の拡大 ✔在宅フィットネスの定着
育てる	■慢性的な保育士不足 ■共働き世帯のマジョリティー化	●育児ストレス／負荷増加 ●保育園の重要性再認識	●ベビーシッター活用 ●ベビーテックの発展、浸透	✔デジタル活用した家事育児とテレワークの両立
交わる	■SNS、コミュニケーションアプリ	●接触機会の回避 ●リアルなコミュニケーションの渇望	●オンラインコミュニケーションの進展 ●リアルな良さ再認識	✔リアル、オンライン住み分けられたコミュニケーション
遊ぶ	■レジャーより自宅余暇重視（ゲーム、動画配信など）	●外出自粛意識の継続 ●自宅での余暇時間の再考	●移動距離の短縮、アウトドア、近郊を中心とした外出	✔在宅アクティビティー拡大 ✔非密集、近場中心の外出

*1：内閣府が定義する8つの主な生活シーン、*2：Work Life Balanceの略称

出所：「我が国における指標化の取組み」（内閣府）

広がり、限られた生活圏の中でも日々を楽しく暮らす方法を見いだす努力をしている。このライフスタイルは、決して一時的なものではなく、新たな日常として広く社会に受容されていくようになるだろう。

例えば、デロイト トーマツ コンサルティングが2020年5月に実施したワークスタイルに関する調査結果では、調査回答者の約70％がCOVID-19の影響が低減した後も在宅勤務の運用を継続したい意向を示している。企画／事務職の人が在宅勤務に対してポジティブな反応を示している一方、販売／サービス職

の人がネガティブな反応を示している等、変化に対する受容度合いは一律ではないだろうが、販売／サービスの領域でもオンライン商談やECの取り組みが進んでいることからも、このトレンドは一過性のものとは考えにくい。できる限りのことを在宅、オンライン、キャッシュレスで済ませる生活様式や、必ずしも出社を前提としない働き方が一般的となり、公共交通による過密環境下での移動をなるべく抑制するようになり、本当に価値があることにのみ厳選して支出をするようになるだろう。

　一方で、ヒトは本質的に「自由な移動の喜び」を求めていることも体感しているのではないだろうか。日常生活圏外に行き新しい発見をしたいという欲求や、オンラインではなく直接会いたいという思いに駆られることも多々あるはずだ。やはりヒトには根源的に移動ニーズがあると思うのが自然だろう。ただし、人々の生活様式が変化することに伴い、移動の在り方も変容していくことになると考えられる。

COVID-19による移動の在り方の変容

　人々が"New Normal"な生活様式に移行する時、まず想定できるのは移動総量の変化だ（図2）。在宅勤務やオンライン教育、遠隔医療などが一般化すると、ヒトが移動する機会は減少していく可能性がある。一方で、オンラインショッピングやデリバリーサービス利用の加速により、モノにまつわる移動は増加することが見込まれる。

図2 "New Normal"な生活を支える移動の在り方変容（仮説）

"New Normal"な生活に適合するように、移動の在り方も変容する見込み。

Post COVID-19の生活の
"New Normal"（再掲）

Post COVID-19の生活を支える
移動の在り方変容（仮説）

生活シーン

働く	✔テレワークの定着 ✔ワークよりもライフ重視
学ぶ	✔オンライン教育の拡大、定着
住む	✔職住融合（衣食住＋働） ✔郊外への一部移住シフト
費やす	✔EC利用の更なる拡大 ✔キャッシュレス決済の定着
癒す	✔遠隔医療／診断の拡大 ✔在宅フィットネスの定着
育てる	✔デジタル活用した家事育児とテレワークの両立
交わる	✔リアル、オンライン住み分けられたコミュニケーション
遊ぶ	✔在宅アクティビティー拡大 ✔非密集、近場中心の外出

A 移動総量の変化
→人流に纏わる移動が減少
→物流に纏わる移動が増加（サプライチェーンの国内回帰によりB2Bの物流量が減少する可能性も）

B 家（ライフ）を基軸とした移動圏へのシフト
→家を中心とした短距離移動の増加
→イエナカ／オンラインで代替可能な活動に関わる移動の減少

C 移動の分散、多様化
→移動が発生する時間帯と場所の分散
→移動の目的、個人の志向に合わせた移動体の選択肢の多様化

D 移動時の体験／衛生志向の高まり
→移動におけるリアル（目的、体験）の重要性増加
→社会性、環境性を考慮した消費行動と移動の選択

出所：デロイト トーマツ作成

　しかし、ヒトの移動が全くなくなる訳ではない。健康維持やストレス発散も兼ね、自宅の周辺に当たる日常生活圏内の移動はむしろ増加する可能性が高い。短距離移動は徒歩と自転車が2大移動手段であるものの、これらに代わる安全で便利な移動手段が登場すれば歓迎されるだろう。また、ヒトだけでなくモノの移動についても、自宅への配送が増えることにより近距離輸送需要が高まるであろう。サプライチェーン分断のリスク解消の観点からも地産地消の意識が高まることにより、さらに近距離輸送が増加することも考えられる（このことは一方で、モ

ノにまつわる移動総量が必ずしも増加の一途をたどる訳ではな
く、減少させる要因にもなりうることを意味している）。

　また、接触や過密を避けるため、移動時間帯や移動場所の分
散化が進むことも移動における大きな変化と言えるのではない
だろうか。これまでのように朝や夕方の特定の時間帯に満員電
車で通勤する人が減り、混雑を避け従来とは異なる移動手段を
使用する人も出てくる。加えて、移動がルーティンとして行わ
れていた状況から、目的を持って行われるようになることも重
要な変化だ。これまで日常生活のパターンとしてルーティンで
移動していた面も多分にあったと思うが、COVID-19をきっ
かけに、移動しなければいけない理由を強く意識するようになっ
た。これは移動した先での体験や経験に対する期待や価値が一
層高まったと解釈することもできる。また、移動時の衛生に関
する意識が高まったことも付け加えておこう。

COVID-19のMX、EX、DXトレンドへの影響

　このような社会や移動の在り方の変容は、当然ながらモビリ
ティー産業へもインパクトをもたらす（図3）。直近の新車販
売需要の低迷や工場稼働停止等による短期的な業績インパクト
が甚大であることはもちろんだが、ヒトの移動総量が減少する
ことにより中長期的に見ても新車販売事業は厳しさを増すであ
ろう。プライベート空間を確保できるメリットから「クルマ保
有」の価値は見直されているものの、厳選消費が進むことによ

図3 3Xトレンドへの影響（仮説）

COVID-19は3Xトレンドに対して、それぞれ影響を及ぼす。

トレンド	COVID-19による影響（想定）
MX 移動提供手段の変化	■カーシェア、ライドシェアや相乗り等の人の乗車シェアリングは、接触機会の忌避により、進行を緩める一方で、物流需要の増加に伴い、物の配送シェアリングは拡大 ■密閉回避のためオープンエアのパーソナルモビリティは拡大 ■タクシーやバス等事業者の事業継続に必要となる、殺菌、ウイルス不活性化、体調計測などの衛生管理に関わる製品やQRコードなど非接触技術がフリート車両へ普及する可能性
EX 資源、エネルギーの 有効活用と CO₂排出量の最小化	■電源の分散化が加速していく 　→郊外化（⇔都市化）により電力の消費地が地方／家庭内に分散することで、VPPやオフグリッドでのエネルギーの地産地消が進展しやすくなる ■電動化に対する影響としては、燃費測定基準の見直しの観点として、欧州発のWtW、LCA、SBT、RE100、CE*¹といったCOVID-19以外のドライバーが大きい
DX IoT化、自動化	■感染者隔離の観点で、社会による個人の移動情報管理の重要性が認識されたことで、動態監視が今後大きく進む（ウエアラブルデバイス、交通監視インフラなど） ■共ড়れで、データ利活用が進み、個人情報のクレンジングやサイバーセキュリティー責務の重要性が高くなるため、市場も成長が前倒しで進む可能性 ■接触機会を低減可能なUGV、ドローンの自動走行ロボはEC拡大も相まって需要拡大、公衆衛生を担うサービスロボや、テレオペレーションを実現するFA、AGVも需要拡大 ■完全無人運転は、ドライバーの健康保全の観点からも、投資は継続されると想定（技術的難易度から長期の構えが必要） ■EC化への対応、開発のデジタル化、生産の省人化、サプライチェーンの再構築、リモートワーク環境の整備をはじめ、あらゆる業務領域でデジタル化への対応が必須となる

*1 WtW：Well to Wheel、LCA：Life Cycle Assessment、SBT：Science Based Target（サプライチェーンまで含めた取り組み）、RE100：Renewable Energy 100%、CE：サーキュラーエコノミー

出所：デロイト トーマツ作成

り高額な新車の購入ではなく中古車の購入に向かうことが考えられる。高級車を購入する層も減少し、自動車メーカーや自動車部品メーカーの業績をさらに圧迫することが予想される。

　ヒトの移動を支えるモビリティーサービス事業においても厳しい現実が待っている。移動総量の減少に加え、不特定多数が利用するサービスを避ける志向の高まりにより、当面はサービス需要が伸び悩むだろう。ただでさえ事業性を確立し難いとみられている中、さらに状況が悪化することは避けられない。事

業継続のため、衛生管理やキャッシュレス対応による非接触技術の導入を徹底することが求められる。他方、増加する物流においては、モノの配送シェアリングなどの新たな機会も生まれている。

　また、感染者隔離の観点で、社会による個人の移動情報管理の重要性が認識されたため、動態監視が今後大きく進むことが見込まれる。その実現のために個人情報のクレンジングや十分なサイバーセキュリティー対策が行われることで、様々なシーンでのデータ利活用が進むことにもつながるであろう。

　さらに、ヒト同士の接触回避に寄与する自動運転化も普及が見込まれる。完全自動運転のタクシーサービスは技術的難易度からすぐに普及することは難しいものの、投資が継続されることが予想され、ドローンなどの自動走行ロボや公衆衛生を担うサービスロボなどについては比較的早い普及への期待が高まる。安全性向上、人手不足解消、人件費削減などの従来のニーズに加え、公衆衛生への対応という新たなメリットが加わった形だ。

COVID-19はモビリティー革命を停滞させるか

　COVID-19の影響による世界経済の低迷とモビリティー産業プレーヤーの業績悪化は投資原資の縮小をもたらし、その結果、新領域に対する投資が回らずにモビリティー革命は停滞するのではないか、と考える方もいるのではないだろうか。しかしな

がら、実際にはモビリティー革命は加速すると見立てるべきだろう。COVID-19による負の業績インパクトを受けていない業界の有力プレーヤーが、今の時期を好機と捉え、モビリティー業界への出資を進める可能性も大いにあり得る。Amazon.comによる自動運転新興企業の米Zoox買収などもその一例と言える。デロイト トーマツ ベンチャーサポートが2020年4月に実施したCVC（コーポレートベンチャーキャピタル）、VC（ベンチャーキャピタル）の投資意向に関する調査では、投資を抑制するとした企業が大多数ではあったが、一部の企業はあえて投資を増やす意向を示した（図4）。世の中から本質的に求められている変化に対しては、投資が回ってくると考えておくのが良いのではないだろうか。

図4 **2019年と比較した投資額の意向（CVC、VC対象）**
COVID-19の状況下では2019年よりも投資を抑制する傾向が強いが、その中でもCVCの10％とVCの25％が投資を増加させる意向である。

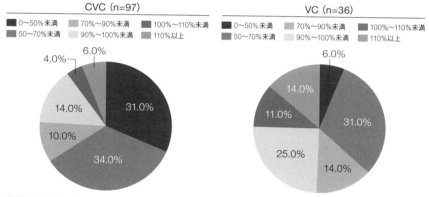

出所：デロイト トーマツ ベンチャーサポート「COVID-19のイノベーション活動への影響調査アンケート」（2020年4月、大企業、VC等のMorning Pitch会員324名が対象）

振り返ってみると、大きな危機事象の後にはパラダイムシフトが起こり、世の中を変える新規事業が創出されてきた。例えばリーマン・ショックの後にはシェアリングエコノミー化が加速したが、その代表企業ともいえるUberが誕生したのも2009年だ。先と同様のデロイト　トーマツ　ベンチャーサポートの調査結果からも、今後新規事業の開発が増加する領域として、バーチャル化（リモート対応、AR／VR／MR、デジタルマーケティング等）、ロボティクス／自動化、医療、教育、物流が挙げられた。ロケーションフリー化のパラダイムシフトを加速させる新規事業が次々と生まれることを予感させる（図5）。

　COVID-19を通じて移動の在り方を変えることが本質的に求められていると認識された今、間違いなく取り組みは加速するであろう。

今求められるビジネスモデルのリ・デザイン

　「100年に一度の大変革」の渦中にある自動車産業各社は、既存事業の収益改善、新規事業の創出と、あらゆる改革に取り組もうとしている。しかし、いまだ明るい将来展望が描き切れずにおり、改革疲れの様相を呈している企業もあるだろう。さらにはCOVID-19が追い打ちをかけ、収益改善の絵姿を描くことが一層難しくなっている。もはや自動車産業、移動に関わる産業を、斜陽産業として捉えているのではないだろうか。

　厳しい事業環境であることは否定できない。実際、ヒトの移

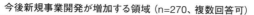

図5 今後新規事業開発が増加すると想定される領域

遠隔化や非接触化に向けたDX関連の新規事業開発の増加を中心に想定されている。

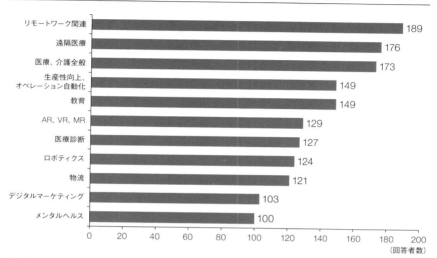

今後新規事業開発が増加する領域 (n=270、複数回答可)

領域	回答者数
リモートワーク関連	189
遠隔医療	176
医療、介護全般	173
生産性向上、オペレーション自動化	149
教育	149
AR、VR、MR	129
医療診断	127
ロボティクス	124
物流	121
デジタルマーケティング	103
メンタルヘルス	100

出所：デロイト トーマツ ベンチャーサポート「COVID-19のイノベーション活動への影響調査アンケート」（2020年4月）

動量が減少し、モノの移動量は増加が見込まれるものの、未知数の側面もある。社会から要請される環境／安全対応コストを自社単独で吸収しようとしても、収益化のめどが立たない。しかしながら、例えば「車両数」や「移動量」ではなく、「移動量のコントロール」や「移動の先にある目的の達成」を基準とした課金モデルであれば、必ずしも需要が減少するとは言えないだろう。社会要請コストも、自社単独ではなく複数企業や社会全体で償却することで、負担を大きく軽減できる可能性がある。また、デジタル技術活用による超効率化の余地はまだまだ

あるはずだ。従来の延長線上ではない捉え方でビジネスモデルを再設計する、すなわち「リ・デザイン」することが今求められている。

人材は社内に眠っている

　ビジネスモデルのリ・デザインを実現するためには、「移動のその先にある目的」との連結、自社単独ではなく「複数企業」「社会全体」との連結が求められる。これは、他社とのスペック競争ではなく、業界の枠組みを超えて社会や生活者が求めていることの本質にどれだけ迫ることができるかの挑戦である。未踏の地に踏み込むのだから、当然社内に熟練した経験者は存在しない。したがって、他業界から人材を採用して体制を構築したり、コンサルティングファームや調査会社等を活用したりして他業界の知見を吸収しながら取り組みを進める方法は効果的である。しかし、それらに加えて最も重要なことは、未知のことにチャレンジできる人材を社内で発掘することである。

　新事業を立ち上げるためにベンチャー出身者を採用してもうまくいかなかったケースを時折耳にする。脈々と受け継がれてきた企業理念や企業文化を共有できなかったという原因が多く、ロイヤルティーの高い生え抜き人材と外部出身者を巧みに組み合わせるマネジメントが必要だ。従来のオペレーションをこなすことにうまく適用できなかった人材が、新規事業領域で想像以上の活躍をしている話も良く聞く。既に実用化の段階に来ている、潜在能力を評価する科学的な手法も取り入れ、勘と

経験頼みではない人材発掘を行っていく必要がある。また、何よりも、失敗を許容しない文化や評価制度を適用したままにするのではなく、新たなチャレンジを奨励する仕組みへと変革する必要がある。人材マネジメントの観点でも新たな取り組みにチャレンジしてほしい。

Think locally, Act regionally, Leverage globally

「現地で考え、地域に合わせて行動し、グローバルの仕組みを活用せよ」という意味だ。今後改めて地元のコミュニティーを大切にするライフスタイルに変化していくことが想定される中、現地での肌感を持って取り組むべきことを考え、地域社会やその地域の企業をより良くする目線で、世界中から最良の手段を探し出して活用し実践することが有効になってくる。

ビジネスモデルのリ・デザインを進めていくには、実現する単位である地域社会や企業の特性に合わせて個別に最適化する必要がある。米国の地域社会とインドの地域社会では生活者の受容性が異なるだろうし、欧州系企業と中国系企業でも特性は異なり、その対処法は千差万別だ。一方で、違いはあれど、対処に当たり必要となるオペレーションや仕組みには共通部分があることも多い。それらの領域についてはグローバルレベルで最良の方法を特定し共通化を進めることで効率化が図れる。現地法人、地域統括会社、グローバル本社のそれぞれが、「現地」「地域」「グローバル」で求められている役割を果たせているか、どのように改善すべきかを見直してみてはいかがであろうか。

また、現地に根差した感性と世界中から最良の方法を見いだす能力には、新技術を使いこなせる若年世代だからこそできることもあれば、長年の経験を積んできたシニア世代だからこそできることもある。それぞれの世代の強みを生かすことで、想像以上の成果を生み出すことができるであろう。加えて、経営の国際化も必須の取り組みである。現地に根差した意思決定をするのに適した人材は現地にいる確率が高いことは間違いないであろうし、日本人以上にグローバルの仕組みを設計することに長けている人材は無数にいるはずである。世界中の人材を適材適所で配置できるか否かが改革の成否を分けることは想像に難くない。もし現在、マネジメントが日本人しかいないという状況なのであれば、重要経営課題として取り上げ、危機感を持ってその脱却に励んでほしい。

レジリエンスの視点を加えた事業ポートフォリオマネジメント

　ビジネスモデルのリ・デザインを進めるためには、適性を見いだし、能力を磨いていく人材面での努力だけではなく、マネジメントの在り方も見直す必要がある。先述の通り、今、社会は変化し、移動ニーズも変化している。移動量に依存するビジネスは先が読めない一方で、生活者の暮らしにおいて必須のもの、目的となっているものを扱うビジネスについては底堅い需要が見込まれる。自動運転化や電動化、シェアリング化といったモビリティー革命の構成要素も、それぞれ異なる進度で普及していくだろう。社会変化の進展状況に応じて、事業ポート

フォリオを更新し続けることが求められる。

　事業ポートフォリオを検討する際に、市場成長率と自社収益性の2軸で各事業を評価するだけでなく、社会変化に対する耐性や復元力の高さの視点を取り入れる必要がある。投資家によってこのような観点が評価されていることを考えると、業界別の株式時価総額の推移や投下資本収益率を考慮に入れた事業評価を行っていくことも一案だ。

　また、事業ポートフォリオを柔軟に変更できるような組織構造にしておくことも重要である。今後は事業ごとに異なるパートナー企業と手を組みながら事業活動を行っていくことも予想される。例えばカンパニー制に移行し、事業活動について多くの権限を委譲することにより、顧客に近い所で迅速に意思決定を行えるようにしていくことも考えられる。

モビリティー革命をリードする覚悟を持つ

　本書では、様々な事例を取り上げながら、モビリティー革命の潮流についてアップデートを行い、プレーヤーごとの取るべき打ち手について説明をしてきた。海外の事例や非日系企業の事例も多く取り上げた。成功しているケースもあれば必ずしもうまくいっていないケースもあるが、日本や日系企業とは異なる取り組みは大いに参考になるだろう。

　一方で、非日系企業に追随するのではなく、日本や日系企業の強みを生かした独自のビジネスモデルをリ・デザインするこ

とが求められている。日本は既に高度な交通網をはじめ、生活インフラが整っており、そして何よりも非常に高い要求水準を持つ市場が存在している。また、確かな技術と品質へのこだわり、そして地に足の着いたイノベーションの実現力が日本企業には備わっている。モビリティー革命の先頭に立つポテンシャルは健在なはずだ。日本発の新しい価値を世界中に広めていくことにぜひ挑戦してほしい。

そのために、企業経営に関わる方には、改めて覚悟を持って改革の先頭に立っていただきたい。従来の延長線上で改善を積み重ねていくのではもはや限界であることは既に認識しておられよう。過去の成功体験に捉われることなく、ゼロから創り上げる気持ちで臨んでいただきたい。

また、企業の従業員の方々には、改革の抵抗勢力ではなく「推進役」を担っていただきたい。大きな変化はそう簡単には起きないと決めつけ、自分がやらなくても次の担当者が進めてくれると割り切り、一方で積極的に提案する方に対してはダメ出しをする、といったシーンを、もうこれ以上目の当たりにしたくはない。自ら変化を創り出すという気持ちで仕事に取り組むことを楽しんでほしい。

最後に、規制当局の方には取り組みの国際的な広がりを見据えて日本企業をバックアップしていただきたいと切に願う。そのためには長期的なビジョンとディレクションが必要であり、産業に精通したスペシャリストを獲得、育成していくことが必要だろう。

我々もモビリティー革命を実現する触媒役として、常に新しいことに挑戦していく所存である。

おわりに

　「人の生活や社会を豊かなものにする。地球環境の持続的な存続とともに」。社会環境が変わろうとも、日本の自動車業界の基本理念は変わらない。相反する事柄や多様な価値観が化学反応を起こして新たな価値を生み出すのだ。

　モビリティーが私有財から公共財へと変化し、社会の多様なモノ、コトへのアクセシビリティーを支える存在になりつつある中、日本や日系企業の強みを生かした独自のビジネスモデルをリ・デザインすることが求められている。

　日本は他先進国と比較しても従前から高水準のサービスが生活に根付いており、高度な移動環境が整備されている。そして何よりも非常に高い要求水準を持つ市場が存在しており、その要求に対応する確かな技術と品質、そしてイノベーションの実現力が備わっているのだ。

　日本発の新たな価値を世界に広めていくことは容易ではないが、ぜひ失敗を恐れずに挑戦し続けていただきたい。そして、企業経営に関わる全ての方は、改めて覚悟を持ち、改革の先頭に立っていただきたい。

　本書では、デロイト トーマツ グループにおいて自動車業界を担当するプロフェッショナル11人を中心に「モビリティー革命」のアップデートを行い、各プレーヤーの打ち手を説明し

てきた。

　我々は、永続的に自動車業界をけん引するのが日系企業であることを願うとともに、各企業と共に、新たな価値を創出し、企業及び産業の成長に貢献していきたいと考えている。

　2030年、それは「遠い将来」ではなく、すぐそこにある。動くのは「今」なのだ。

　最後になるが、常日ごろからクライアントと共に多様な複雑な経営課題に対峙している全てのメンバーの見識と支援がなければ本書の出版はできなかった。改めて、全てのメンバーに感謝を申し上げたい。

　また、多大に貢献してくれた以下のメンバーに格別の謝意を表する。

デロイト トーマツ コンサルティング合同会社
久保 大佑、朝長 仁碧、菅原 匠治、新井 貴幸、今村 達也、
杉江 薫、曽根 和輝、岩木 勇也

デロイト トーマツ サイバー合同会社
泊 輝幸、竹ノ内 厚治、内薗 謙介、松原 有沙、三浦 淳也、
中島 幸人、吉村 修

デロイト トーマツ コーポレート ソリューション合同会社
高橋 祐太

　日経BPの小川氏、木村氏には、企画段階から発刊まで多大な協力、助言を頂いたことに、深く感謝申し上げる。

著者紹介

井出 潔（パートナー／執行役員）………………………………第8章・全体監修
約20年にわたり、自動車／製造業に対し、経営戦略／事業戦略策定、組織構造改革、販売／マーケティング業務改革、新事業立ち上げを企画から実行まで支援している。約5年の東南アジア駐在を含め、20カ国以上でのプロジェクト経験を有する。

新見 理介（コアビジネスオペレーション シニアマネジャー）
………………………………………第1章・第6章・監修
自動車メーカーにて、小型世界戦略車の開発、先進安全システム研究開発等を経て現職。自動車、電機、エネルギー分野にて、官公庁や企業向けのマクロトレンド、技術動向分析、戦略策定を支援している。

柴田 信宏（自動車セクター アソシエイトディレクター）……………………第2章
20年以上にわたり、自動車業界を中心とした製造業、サービス業に対し、成長戦略、組織再編、M＆A、BPR等を支援している。大手自動車メーカーの経営企画部門への出向経験を有する。

平井 学（自動車セクター アソシエイトディレクター）
大手システムインテグレーターにて金融決済システム開発のシ
ステムエンジニアを経て現職。DX分野にて、自動車業界に対
し、デジタルを活用したビジネス企画構想、業務改革／改善、
システム導入まで幅広く支援している。

後石原 大治（自動車セクター アソシエイトディレクター）
10年以上にわたり、自動車業界に対し、経営戦略、事業戦略、
渉外戦略等、モビリティー領域の構想、事業計画作成、実装／
実行まで幅広く支援している。ベトナム、ドイツでの計7年間
の駐在経験があり、欧州、東南アジア、インドでのプロジェク
ト経験を有する。

空花 弘道（自動車セクター シニアマネジャー）
10年以上にわたり、自動車業界におけるR＆D戦略、新規事業
戦略、中長期経営戦略立案等を支援している。近年は、モビリ
ティー時代における自動車メーカーの新事業創出、アフター
マーケット領域の事業戦略、業務改革に関するプロジェクトを
多数手掛ける。

高橋 宏之 （デロイト トーマツ サイバー合同会社 ディレクター）·················**第4章**

国内システムインテグレーターでの省庁向け大規模システム開
発等、デロイト トーマツ コンサルティングでの業務改善等の
ビジネスコンサルタント及びCIO向けアドバイザリー業務を経
て現職。セキュリティー分野にて、マネジメント領域の規程／
組織整備、中期計画策定、リスク評価等を支援している。

村上 裕一 （自動車セクター シニアマネジャー）··**第4章**

米系大手ソフトウエア企業を経て現職。20年以上にわたり、
自動車業界に対し、中長期経営戦略、技術戦略、BPR等を戦
略策定から実行まで支援している。近年は、車両開発における
ソフトウエア開発関連、特に車両のサイバーセキュリティー対
応に関するプロジェクトを多数手掛ける。

高橋 新 （コアビジネスオペレーション アソシエイトディレクター）··············**第5章**

日系金融機関にて国内外の企業金融、ALM、現地当局対応等
を経て現職。自動車業界に対し、合従連衡、組織再編を中心と
したグローバル経営案件、特に部品メーカーにおけるクロス
ボーダーでのアライアンスやM＆A案件を初期構想から実行
段階まで支援している。米国、ドイツ、東南アジアでの10年
超の活動経験を有する。

早乙女 強（自動車セクター マネジャー）·······················第7章

日系調査会社にて、アフターマーケット、オートファイナンス領域の研究活動を経て現職。主に、自動車メーカー、ファイナンス会社に対して販売／マーケティング戦略、モビリティーサービス戦略、ファイナンス戦略の策定を支援している。

斎藤 繁人（自動車セクター マネジャー）·······················第7章

自動車業界を対象に、全社戦略、事業戦略、オペレーション改革、新規事業の構想立案、立ち上げから幅広く支援している。大手自動車メーカー、自動車ファイナンス会社への出向経験を有する。

松本 知子（自動車セクター シニアマネジャー）··················企画・全体構成

13年以上にわたり、自動車セクターにて、コンサルティング業務を支援するリサーチ・ナレッジマネジメント機能の構築／リードを経て、近年はグローバル自動車セクターマーケティングチームとして、主に外部発信活動の企画、実行支援に従事している。

続・モビリティー革命2030

不屈の自動車産業

2020年10月19日　第1版第1刷発行

著　者	デロイト トーマツ コンサルティング
編　集	日経Automotive
発行者	吉田 琢也
発　行	日経BP
発　売	日経BPマーケティング
	〒105-8308 東京都港区虎ノ門4-3-12
装　幀	松川 直也（日経BPコンサルティング）
制　作	大應
印刷・製本	図書印刷

©Deloitte Tohmatsu Consulting LLC 2020
ISBN978-4-296-10758-2　Printed in Japan